그림으로 보는

착공에서 준공까지

건축시공

건축시공구축기술연구회 편

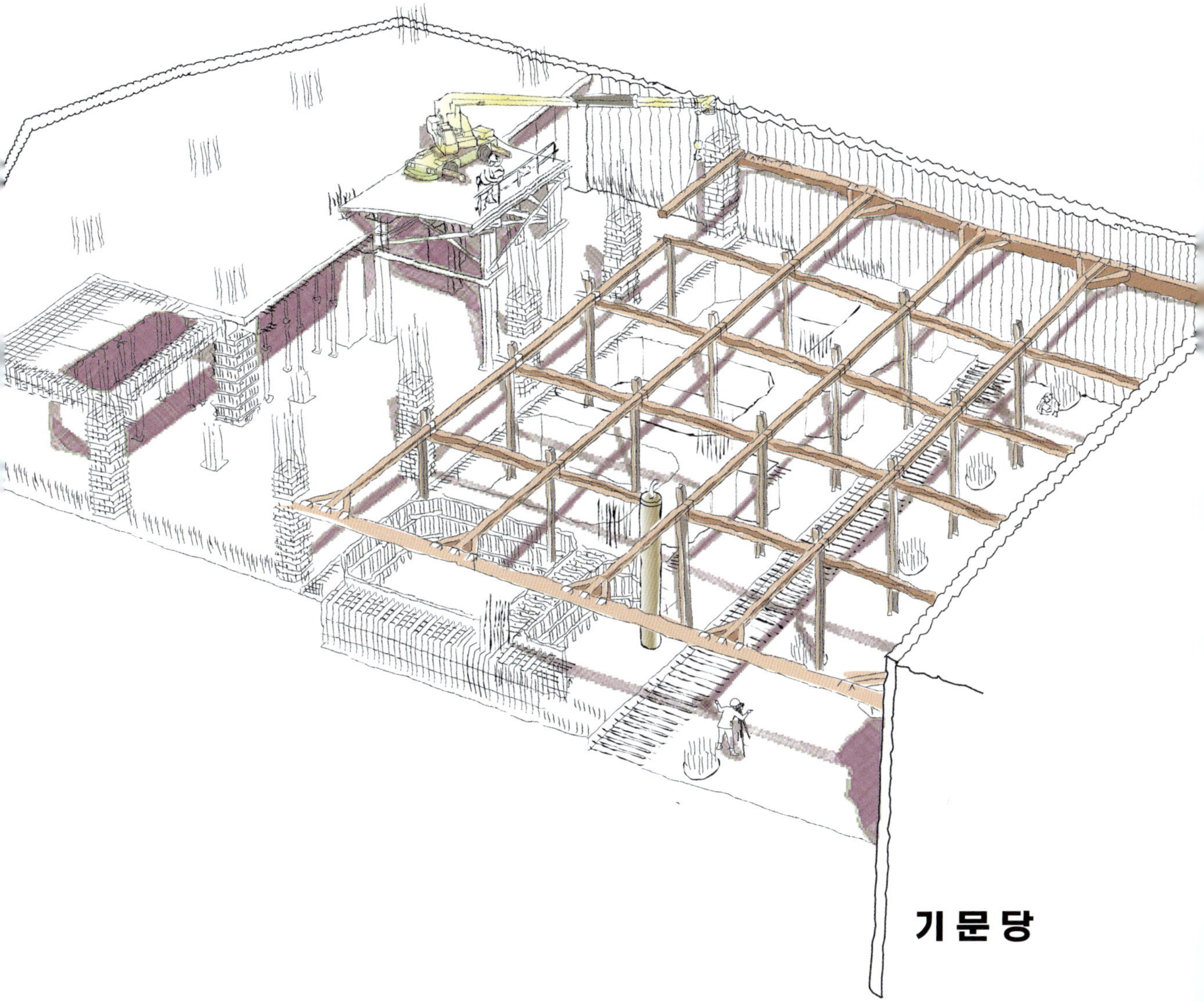

기문당

머리말

글로벌 시대의 흐름 속에서 건설분야의 급격한 발전은 유능한 기술인력을 요구하고 있으며, 이에 따른 기술인력의 창출을 위한 첨단화와 고도화에 관련한 기술서적의 요구가 증가하고 있다. 그러나 건설기술의 기초적인 내용을 사진이나 그림으로 이해할 수 있고, 건축을 시작하는 신입생에게도 접근이 용이하도록 만든 자료가 많지 않은 실정이다.

건축시공학은 최근 들어 건축생산공학이라고 하여 건축물의 생산과정에서 고려해야 할 현장의 제반 여건들을 분석하고, 이를 충분히 해결할 수 있는 시공계획을 수립할 수 있는 능력과 공사 시의 시공사례와 경험을 토대로 문제를 해결할 수 있는 능력을 배양해야 한다. 따라서 건축기술자가 전체를 총괄할 수 있는 능력을 갖출 수 있도록 고려하여, 단국대학교 건축공학과 시공재료연구실의 교수, 건설회사 임원, 기술사 등이 동참하여 건축을 처음 시작하는 신입생부터 현장에 처음 투입되는 건축초급기사, 나아가 건축관련 일반직원들의 연수자료 등으로 활용할 수 있도록 다른 교재와는 다음과 같은 차별화를 시도하였다.

첫째, 기존의 도서와는 달리 텍스트보다는 그림이나 사진을 중심으로 기술되었으며,

둘째, 건설현장의 개설부터 마감까지의 공정을 순서대로 정리함으로써 독자들이 원하는 공정에 맞는 자료를 최대한 제공함으로써 활용성을 증진시키고자 하였으며,

셋째, 다양한 독자들이 궁금할 때마다 곁에 두고 그림을 통하여 쉽게 건축시공을 접할 수 있도록 저술되었다.

끝으로, 어려운 여건 속에서도 시공기술 개발과 국가발전을 위해 헌신 노력하시는 건설기술인의 무한한 발전을 기원하면서 본 도서의 출판에 협력해 주신 기문당의 강해작 사장님께 깊이 드립니다.

2008. 12.

저자대표 정 상 진

CONTENTS

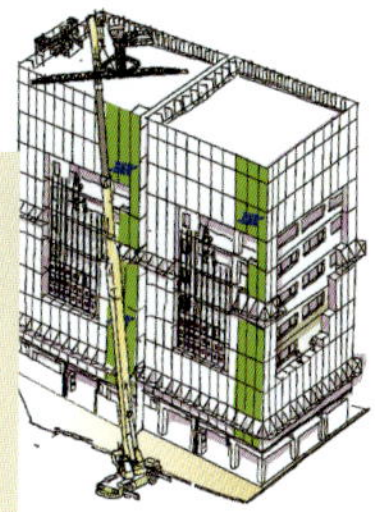

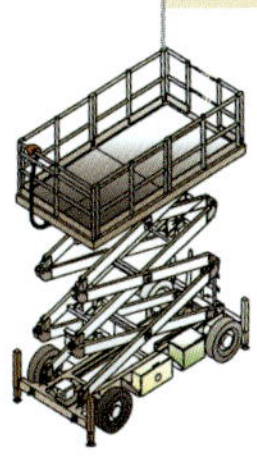

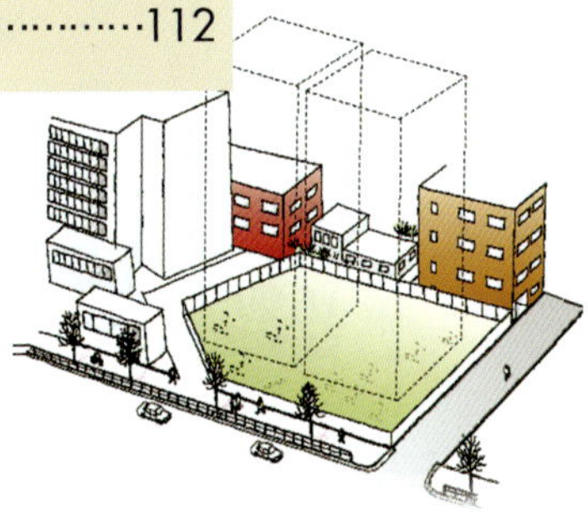

1 계획 및 착공

건축물이 실제 시공되는 과정에는 여러 가지 순서가 있으며, 때로는 예정공기를 몇 배 이상 초과하는 경우도 있으므로 각별한 준비가 필요하다.

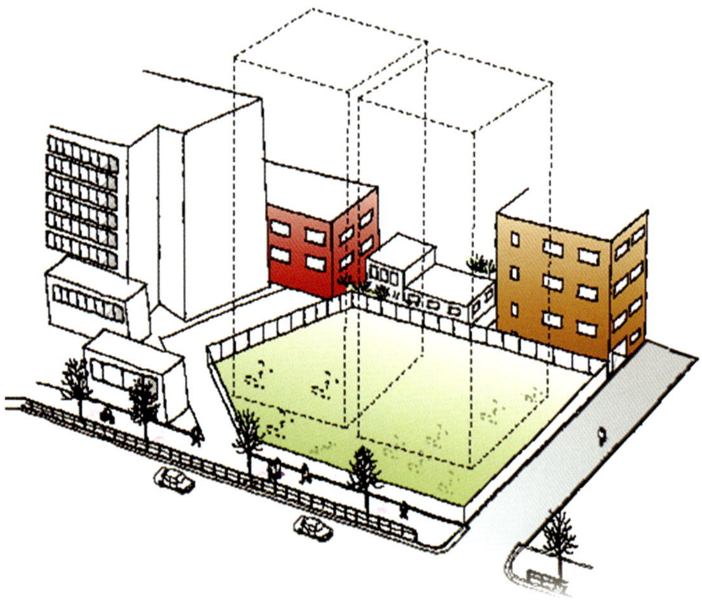

착 공 ← 낙 찰 ←

착공계

시 · 군청에 관련서류를 첨부하여 착공계를 접수함.

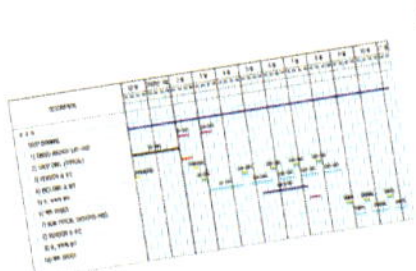

공정표 (Construction Schdule)

공사를 지정된 공기내에서 공사예산에 맞추어 양질의 시공을 하기 위해서 세우는 공사일정표

공사규모결정 → 설 계 → 공 고 → 현장설명 → 견 적 → 입 찰

공사범위 결정

건물의 구조, 규모, 용도, 기후조건

프레젠테이션

공사 착공전 공사전반에 대한 시공계획을 설명

C.A.D (Computer Aided Design)

수작업 도면 대신에 Computer Aided Design "(C.A.D)"시스템이 보편적으로 사용됨.

공사의 시공을 위한 대외적 활동

입찰 일시, 현장위치, 기초금액, 현장 설명 일시, 공사명의 표기

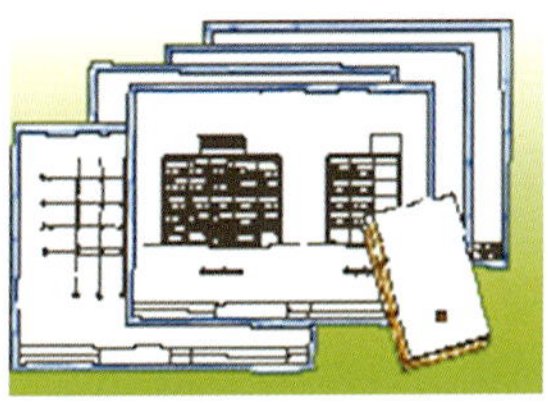

설계도서

설계자의 의도를 일정한 규약하에 도면화한 것으로 건축, 구조, 설비, 도면, 계산서, 시방서 등으로 구성

견적서 (estimation)

공사금액을 산출하는 것으로 시공재료의 수량에 단가를 적용하여 작성

2 공사준비 및 지반조사

공사안내

공사착수 전에 이웃주민에게 양해를 미리 구하여 우호적인 관계 유지.

주변조사

굴착하기 전에 주변구조물의 균열부위, 손상상태, 건물의 누수 등을 조사하여 향후 발생할지 모르는 민원에 대비하고, 주변의 교통상황이나 건축물에 대한 공사 전 상황은 비디오 또는 사진으로 기록하여 관리.

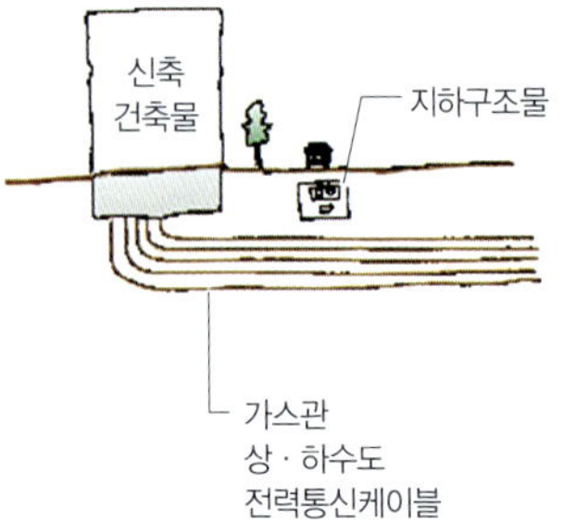

지하 매설물

지하의 매설물, 급배수관, 가스관, 고압선, 통신선로 등 지하매설물을 면밀히 조사하고 관계도면을 입수, 파악하여 공사 수행시 착오발생 방지.

지반조사

예비조사, 본조사, 추가조사 등으로 지질조사를 실시하여 건축물의 안전성을 확보하기 위한 것으로서 조사방법에는 지하탐사법, 보링, 사운딩, 지내력 시험 등이 있음.

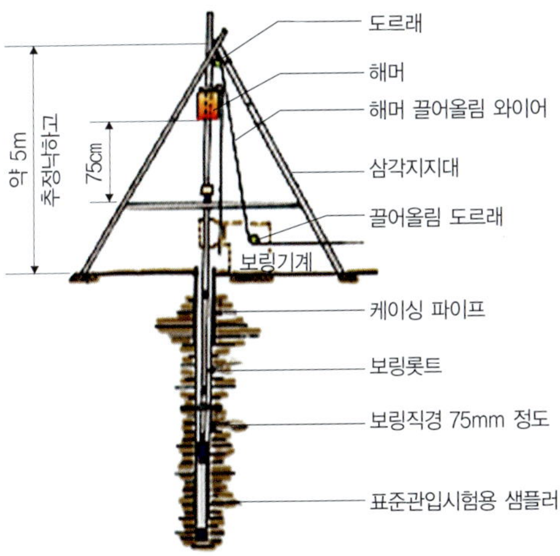

표준관입시험

사질지반에서 샘플러를 관입시킬 때의 타격 횟수로 지반의 지내력을 평가하고 시료를 채취하는 시험법.

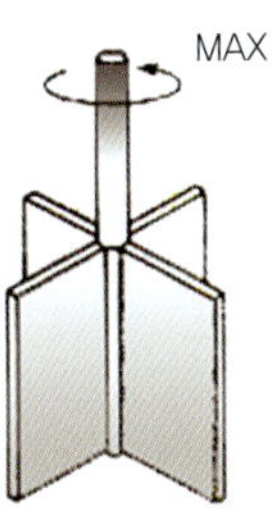

베인테스트

+자형 베인의 회전력에 의한 연약한 점토의 점착력(전단력)을 확인하기 위한 시험법으로서 깊이 10m 이내에서 사용.

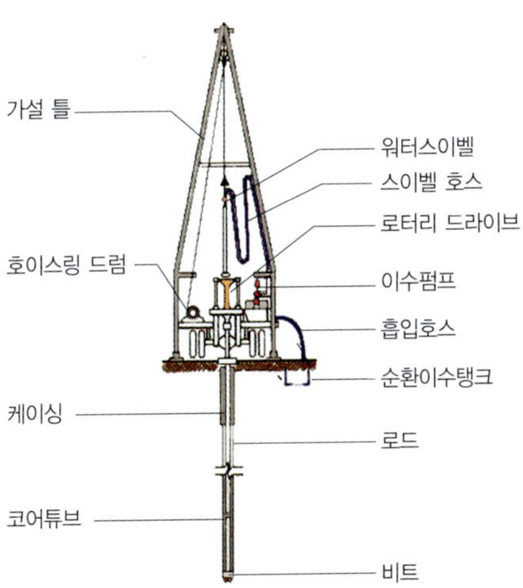

보링

지중에 철판을 꽂아 지층의 상황을 주상도로 작성하는 것으로서 오거식, 충격식, 수세식, 회전식이 있음.

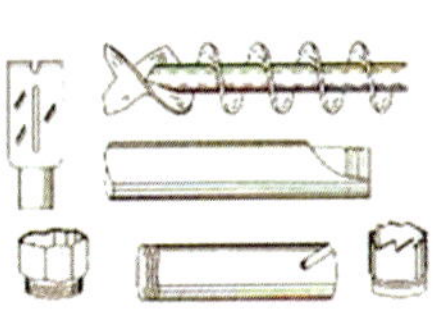

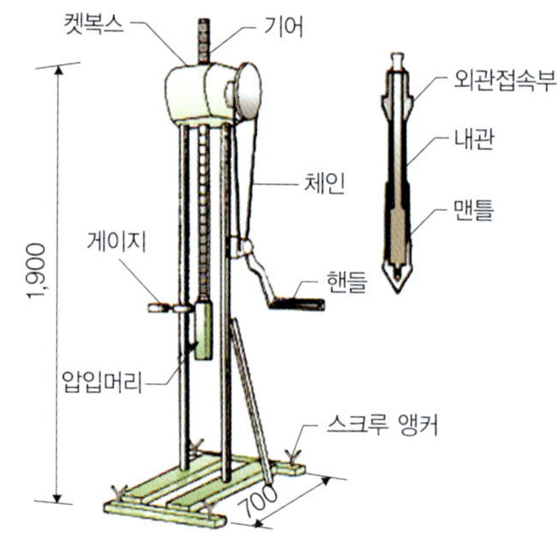

화란식 관입시험

25cm 간격마다 전면적 10㎠인 맨틀콕이 5㎝ 관입될 때의 저항치를 측정하는 시험법.

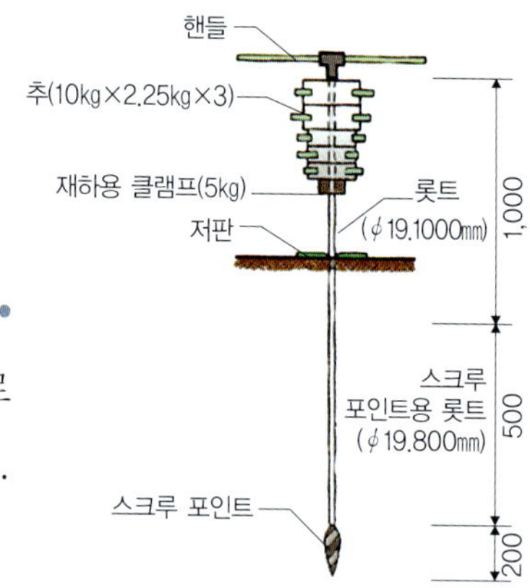

스웨덴식 관입 시험

하중을 5, 15, 20, 50, 75, 100kg으로 점차 증가시켜 그 관입량을 계측하는 시험법.

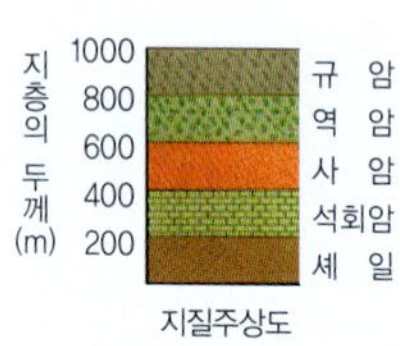

주상도

지질을 조사하여 지하층의 깊이별로 대지 내 지층 변화 및 지하수 분포를 입체적으로 표시한 도면.

지내력 시험

예정기초면에 하중을 전달하여 지반면이 침하할 때의 단기하중에 대하여 1/2의 값을 구하여 측정하는 시험법.

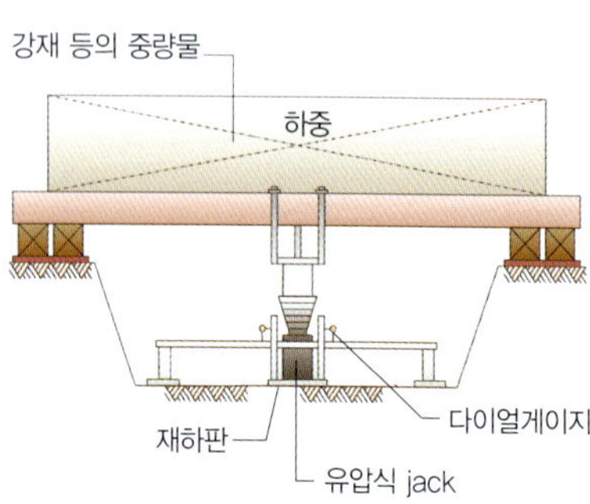

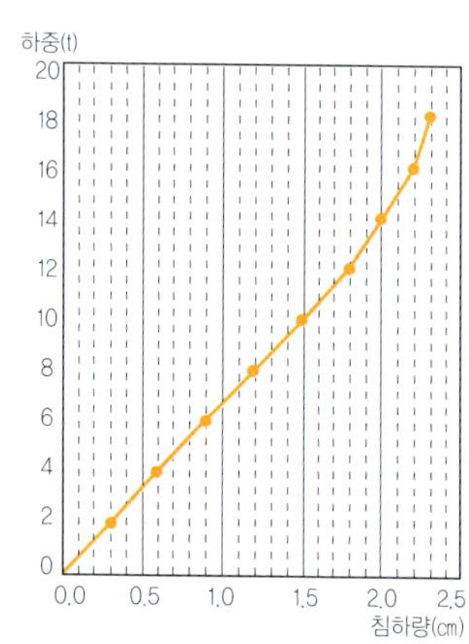

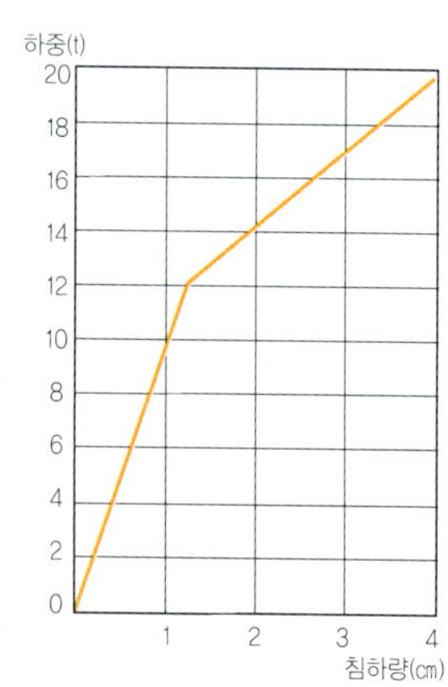

※최근에는 중량물 대신 다이얼게이지 위치에 Anchor를 설치하는 방법이 주로 사용됨.

3 측량 및 지반개량

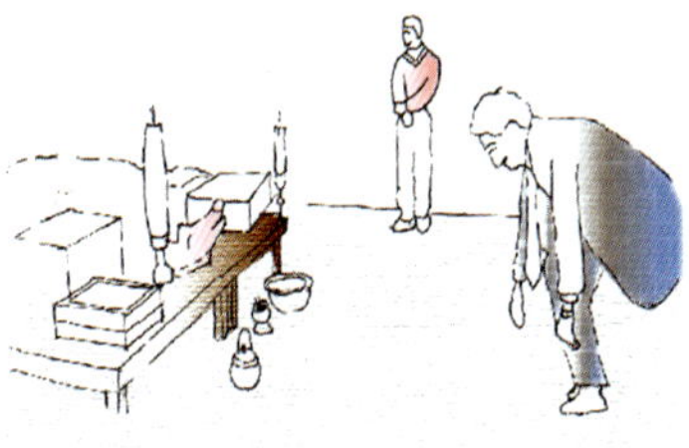

착공식

공사 착수전 공사가 잘 되기를 기원하는 마음으로 실시하는 의식.

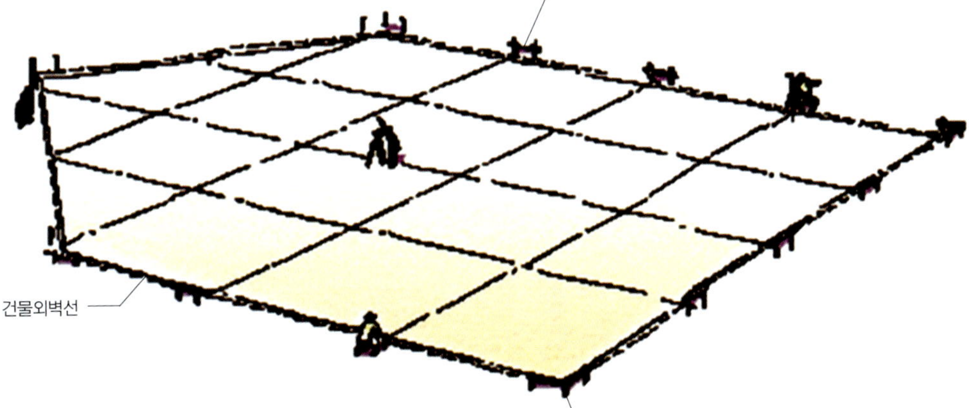

줄 띄우기

배치도에 나타난 건물의 위치를 현장에서 실제 지반면의 위치에 표시하여 확인하는 것.

측량

- 거리측량 : 거리를 측량하는 것으로 보측, 음측, 기구측으로 구분.
- 고저측량 : 각 점의 고저차를 측정하는 것으로 레벨과 스태프가 필요한 측량법.
- 평판측량 : 거리, 각도, 수평 등의 측정을 동시에 하고 현장에서 즉시 작도 가능한 측량법.

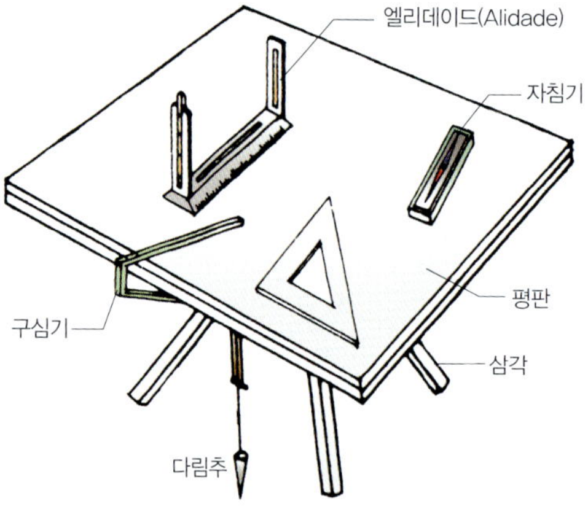

평판측정

장비가 간단하고 지형도 작성시간이 단축되나 정밀도가 떨어지고 현장조건에 따라 작업의 난이도가 결정됨.

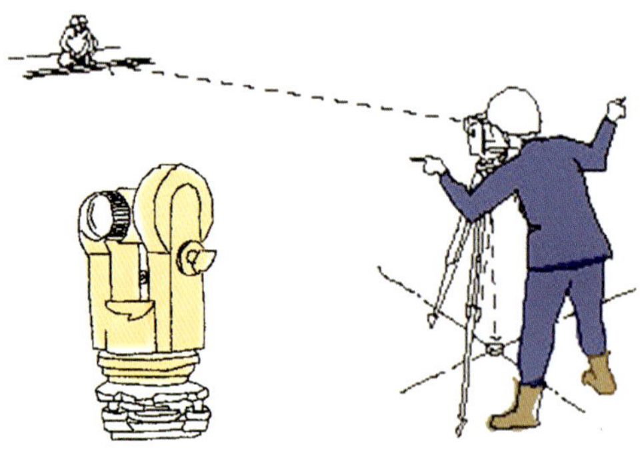

트랜싯

삼각측량이나 다각측량 등의 지상측량에 사용하는 것으로 일반적으로 각도 및 수직도 측정에 사용.

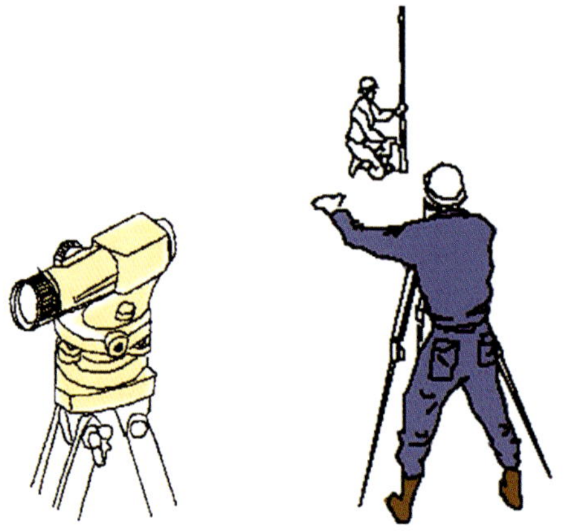

레벨

지반과 각층의 수평을 측정하는 기계.

지반개량

기존의 지반이 건축물의 하중을 전달하기 부족한 경우, 지내력을 증가시키기 위한 공법.

지반의 응력 분포도

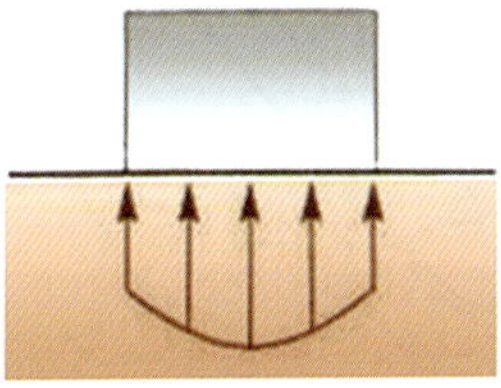

사질토

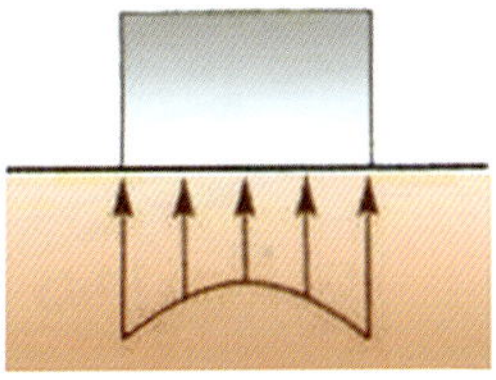

점성토

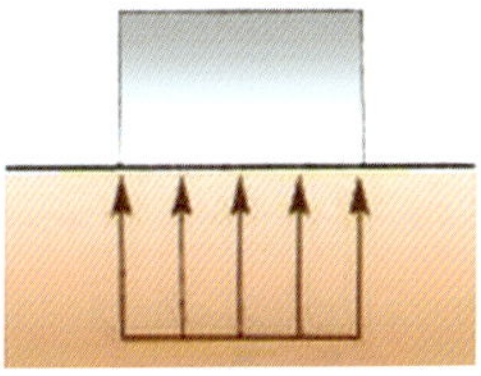

이상적인 응력

지반개량공법의 종류

- 재하법 : 연약지반 위에 하중을 실어 강제로 압밀하는 공법.
- 탈수법 : 연약 점토층 내부의 간극수를 탈수시키는 공법으로 (웰포인트, 샌드드레인, 페이퍼드레인, 석회공법)이 있음.
- 치환법 : 연약한 토질을 양호한 흙으로 바꾸어 주는 공법.
- 다짐법 : 사질지반을 기계 다짐하여 지내력을 증가시키는 공법으로 (바이브로플로테이션, 바이브로 콤포우저, 샌드컴팩션 공법)등이 있음.
- 주입법 : 시멘트나 약액을 주입하여 고결시켜 지내력을 증가시키는 공법.
- 동결법 : 지반에 액체질소나 프레온가스를 주입하여 동결시키는 공법으로 온천지역이나 유수지역에서는 효과가 급감되므로 채용에 유의 요함.
- 전기화학고결법 : 전압에 의해 점토층의 물을 고결시키는 공법.

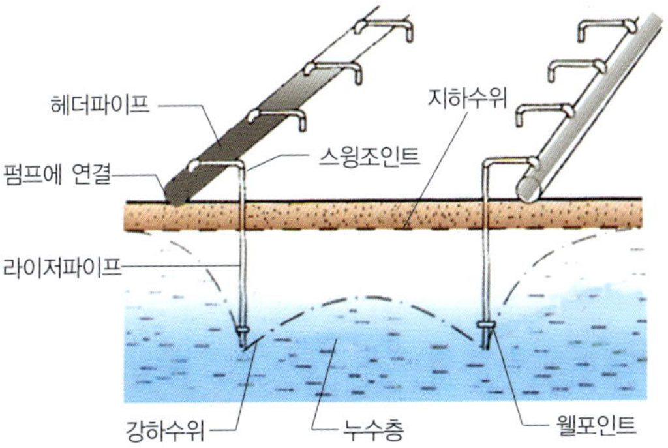

웰포인트공법

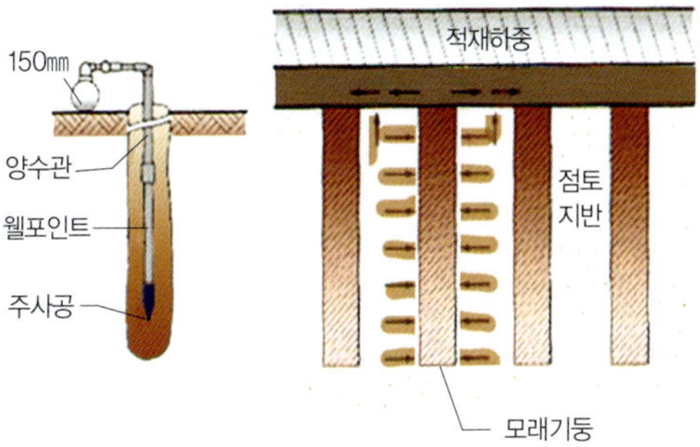

샌드드레인공법

가설물

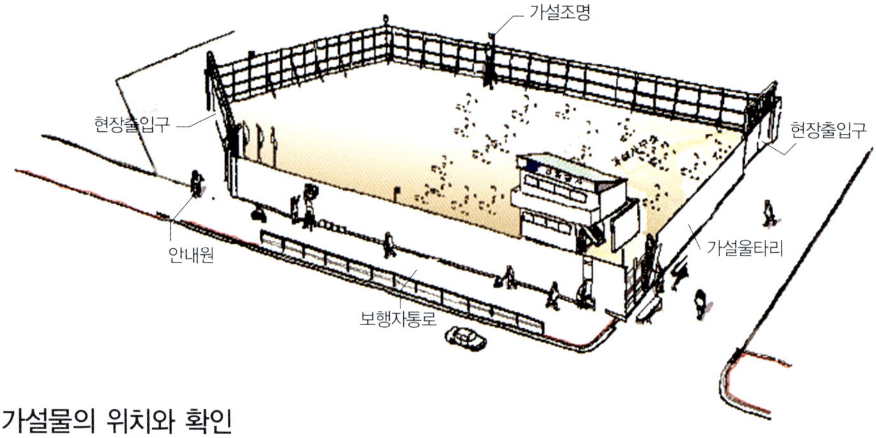

가설물의 위치와 확인

현장 내 설치될 가설시설물의 위치를 결정하고 현장 내·외부의 경계를 구분하기 위하여 외곽울타리를 설치함.

B.M (Bench Mark, 기준점)

건축물의 지하 및 지상층 높이의 기준이 되는 표시점으로서 현장에서 잘 보이는 곳에 2~3개를 설치함.

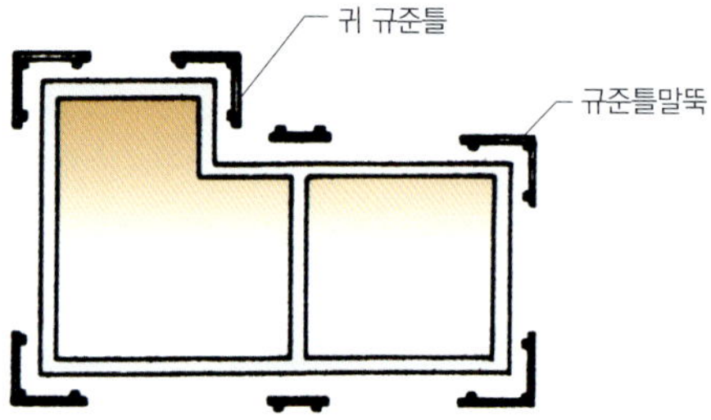

수평규준틀

기초흙파기와 기초공사시 건물의 각부 위치, 높이, 기초너비 및 길이를 결정하기 위해 설치하는 가설물.(귀 규준틀, 평 규준틀로 구분됨.)

귀 규준틀 　　　평 규준틀

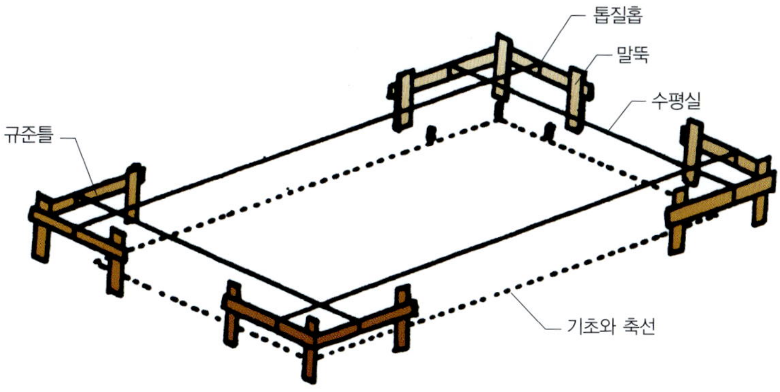

수평규준틀의 설치 예

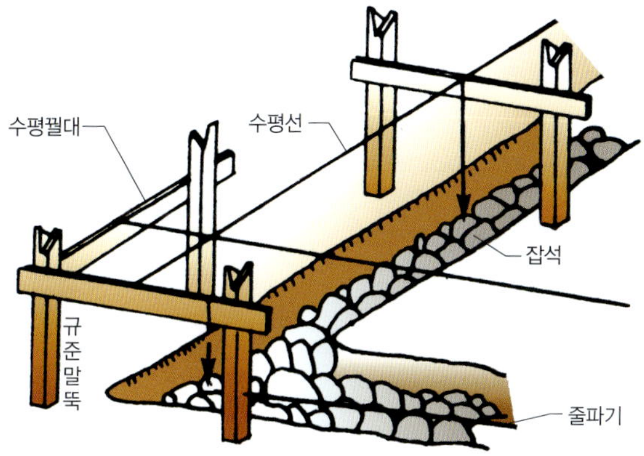

수평규준틀 상세

4 흙의 특성 및 굴착

흙의 성질

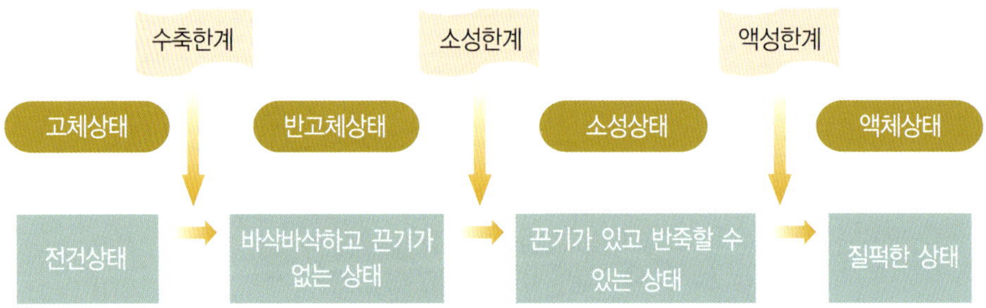

흙의 성질변화

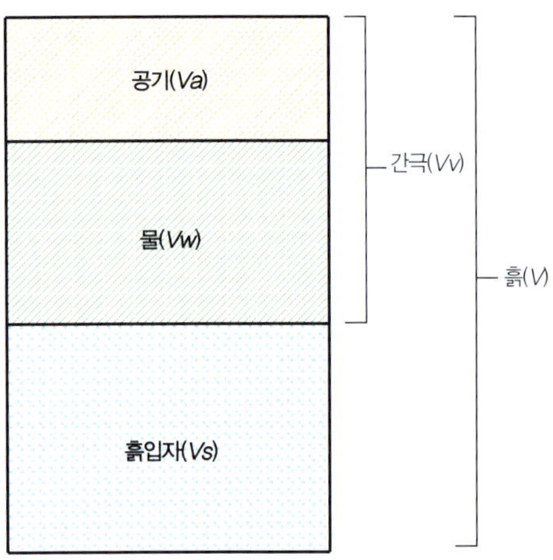

흙의 구성

① 간극비: 흙덩이 속의 틈새(물+공기)의 용적 Vv와 흙입자의 용적 Vs와의 비

$$간극비(e) = \frac{Vs}{Vv} = \frac{간극의\ 용적(물+공기)}{토립자의\ 용적}$$

② $함수비 = \dfrac{물의\ 용적(Vw)}{전체\ 용적(V)} \times 100(\%)$

③ 포화도 : 물의 부피와 간극부분의 부피에 대한 비율

$$포화도 = \frac{물의\ 용적}{간극부분의\ 용적} \times 100(\%)$$

굴착

지반에 대해서는 예측불가능한 부분이 많고, 굴착공정이 전체공기 중에서 가장 많은 위험성을 내포하고 있으므로 주변건물의 영향을 관리하기 위하여 경사계, 수위계, 로드셀 등을 설치하여 지속적인 계측관리가 요망됨.

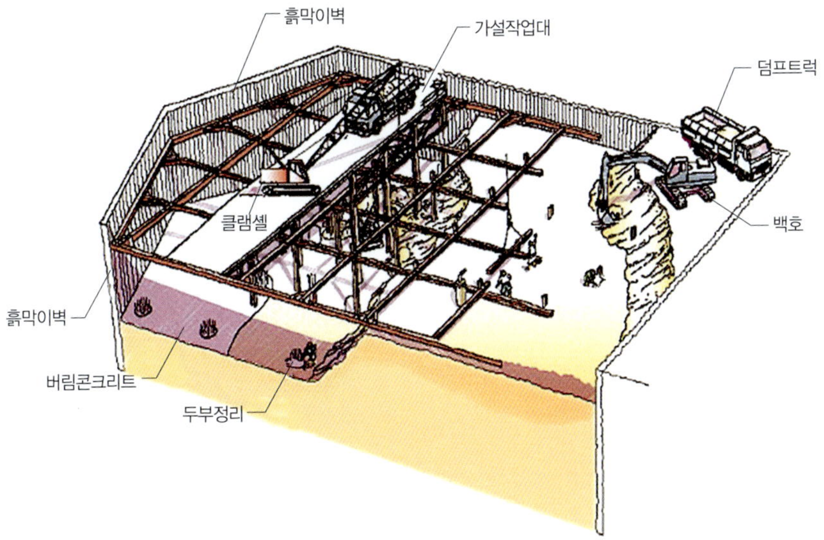

굴삭높이에 대한 구배

지반의 종류	굴삭면 높이	굴삭면 구배	비 고
암반이나 견고한 점토에 가까운 지반	5m 미만	90° 이하	
	5m 이상	75° 이하	
기타의 지반	2m 미만	90° 이하	
	2~5m 미만	75° 이하	
	5m 이상	60° 이하	
사질지반	5m 미만까지 35° 이하		
발파 등에 의해 붕괴가 쉬운 지반	2m 미만까지 45° 이하		

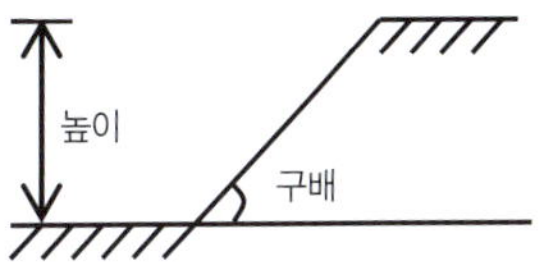

두부정리

파일 항타 후 지반상태에 따라 기초내부에 고정될 길이보다 길게 남은 파일 윗면의 콘크리트를 부수고 철근을 나오게 하여 그 철근을 기초 구조물과의 이음 또는 정착철근으로 사용.

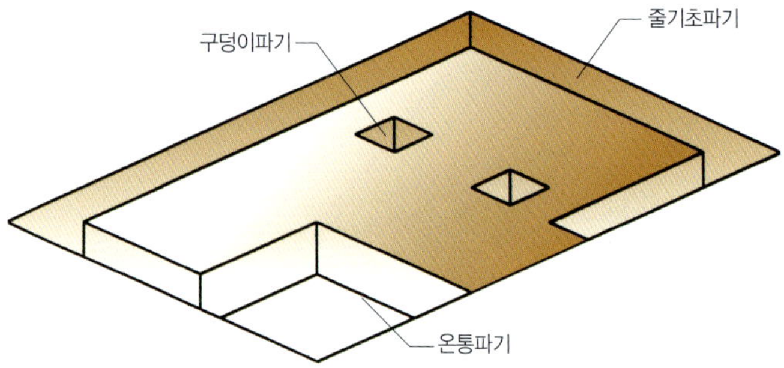

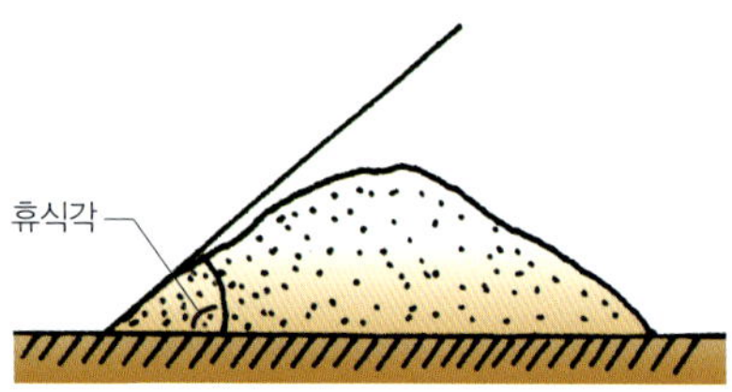

흙의 휴식각

2단 젖힘

건설장비

굴삭용 장비의 용도에 따른 일반적인 채용은 다음과 같다.

① 불도저(bulldozer) : 토사의 단거리 운반이나 정지작업.

② 파워 쇼벨(power shovel) : 지반면 보다 3m 정도까지 높은 위치의 굴삭.

③ 백호(back hoe) : 지반면보다 낮은 위치의 굴삭.

④ 클램셀(clamshell) : 수직 굴삭이나 토사의 수직 운반.

⑤ 드래그라인(dragline) : 깊이 6m 정도까지의 얕으며, 특별히 넓은 면적의 굴삭.

⑥ 트랙터 쇼벨(tracter shovel) : 흙의 운반이나 얕은 굴삭 등에 사용되며, 캐트필터를 대신하는 타이어를 사용하기도 함.

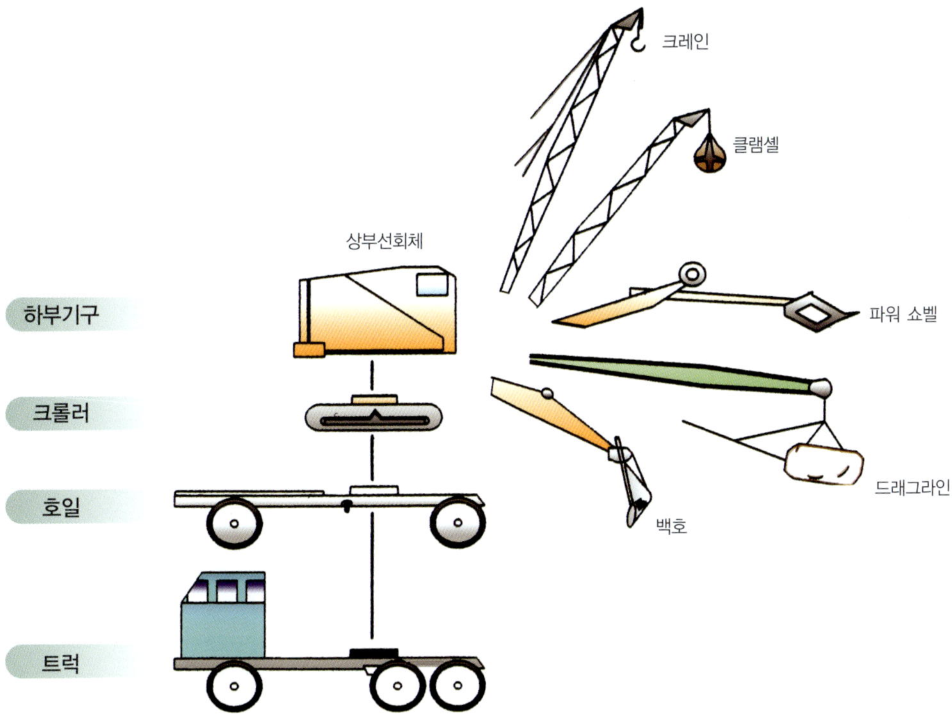

굴착기의 종류

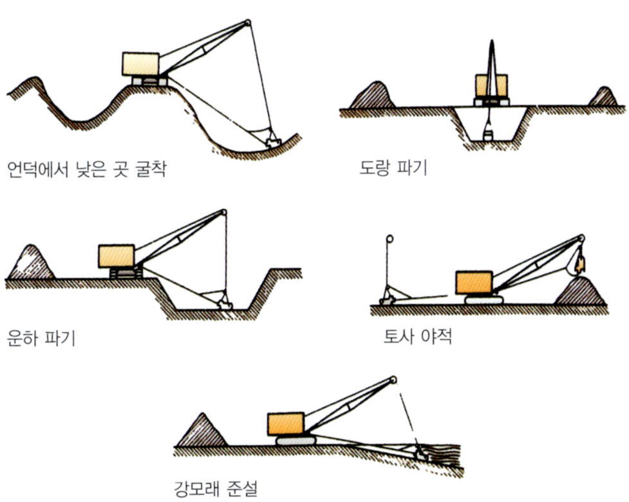

드래그 쇼벨과 드래그라인의 용도

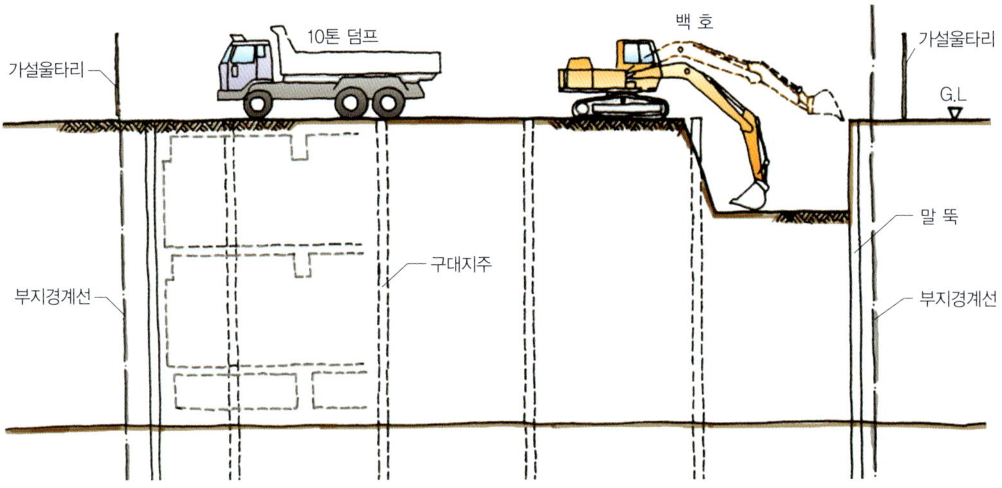

토공사 (1차 터파기)

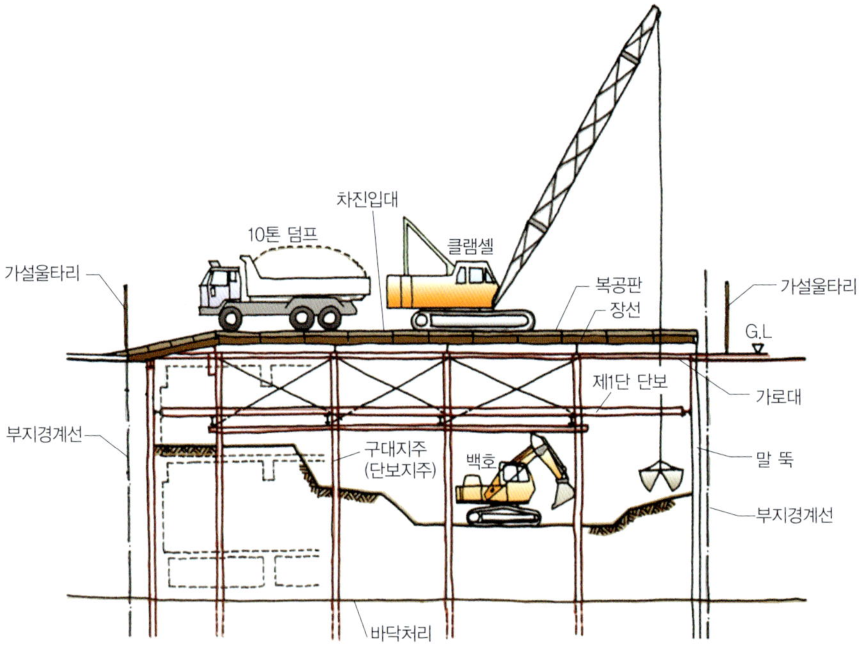

흙막이 버팀목 (2차 터파기)

지하공사 공정의 예

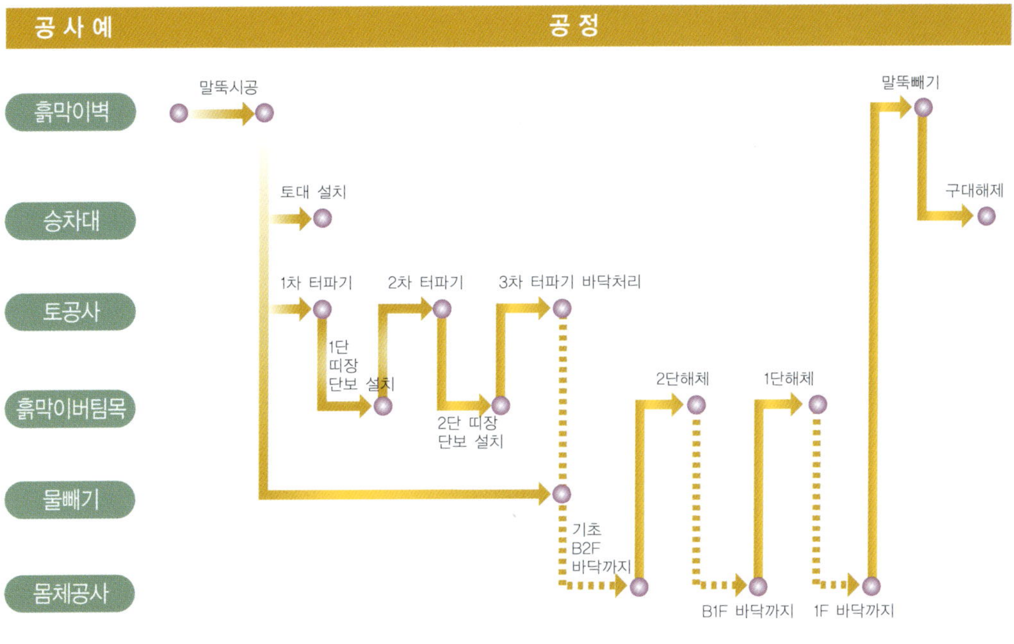

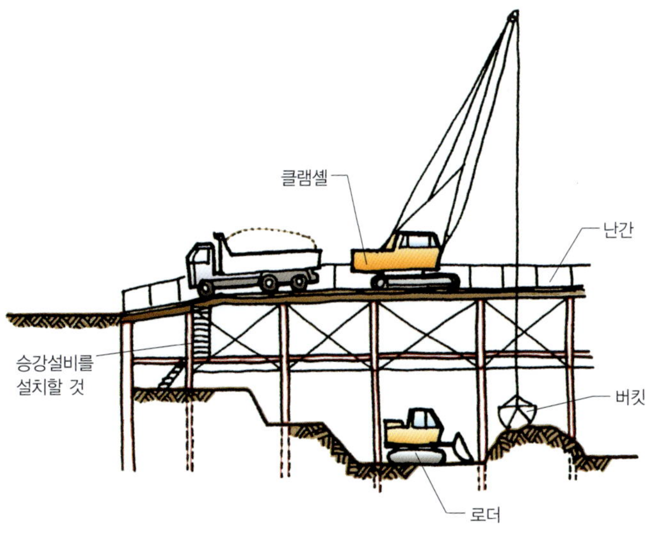

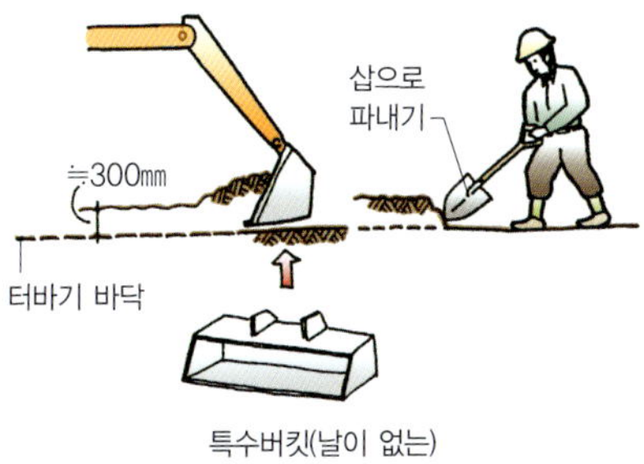

지반을 견고하게 처리하는 것이 어려울 경우는 사질토에 시멘트를 혼합하든가, 래플콘크리트로 치환하는 방법이 유리.

5 말뚝공사

흙막이벽의 종류

- 토류판 벽체
- 널말뚝 벽체
  - 목재 널말뚝
  - 콘크리트 널말뚝
  - 강 널말뚝
    - U형 널말뚝
    - Z형 널말뚝
    - 조합형 널말뚝
    - 직선형 널말뚝
    - 이음용 널말뚝
- Soil-Cement 말뚝벽체
  - SEC (Special Earth Concreting)
  - JSP (Jumbo Special Pile)
  - DSM (Deep Soil Mixing)
  - CJG (Column Jet Grout)
  - CSP (Chemical Soil Pile Method)
  - SCW (Soil Cement Wall)
- 현장타설 콘크리트말뚝 벽체
  - CIP (Cast In-Place Pile)
  - PIP (Packed In-Place Pile)
  - MIP (Mixed In-Place Pile)
- 현장타설 콘크리트판 벽체
  - Diaphragm Wall

말뚝 및 흙막이

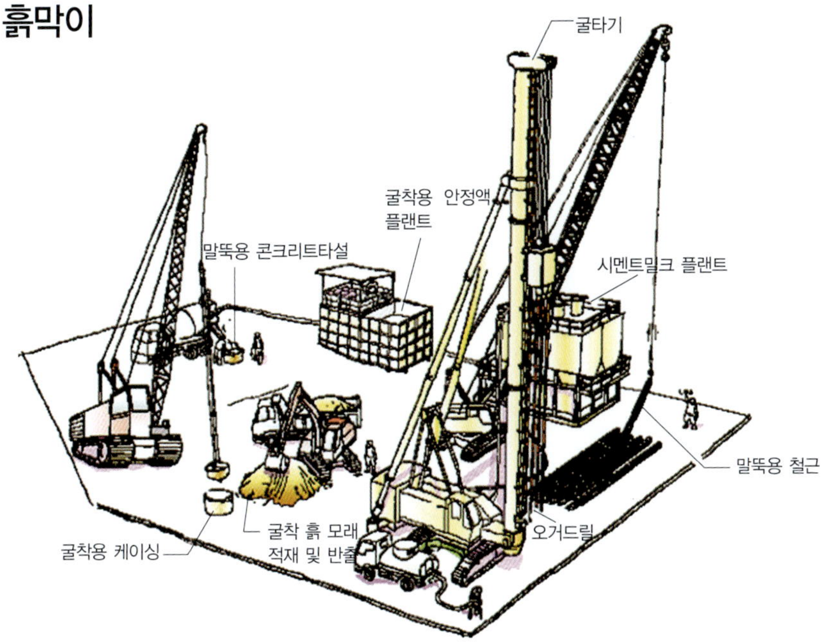

기성콘크리트말뚝

- 타격에너지를 파일 두부에 가하여 지반중에 파일을 관입시키는 방법이다.
- 디젤해머, 스팀해머, 드롭해머 등으로 분류할 수 있다.

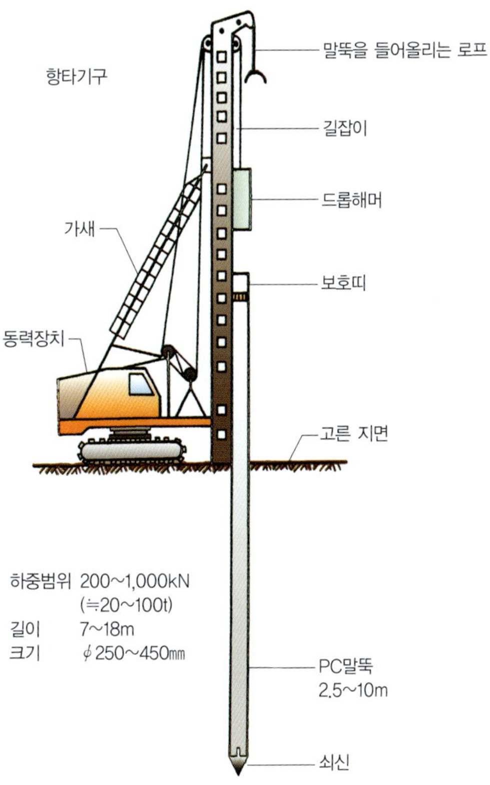

기성말뚝 박기

기성콘크리트말뚝 형상

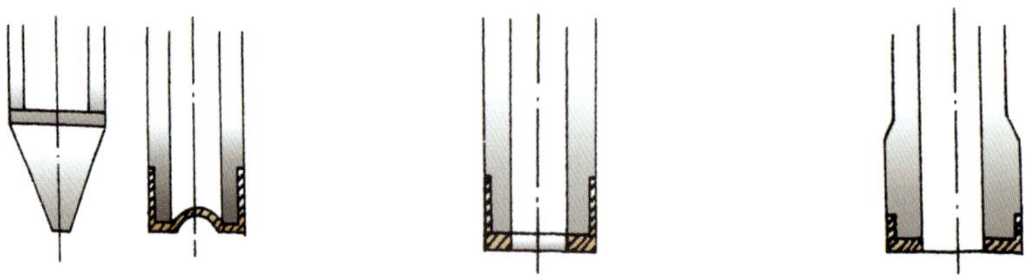

말뚝의 선단

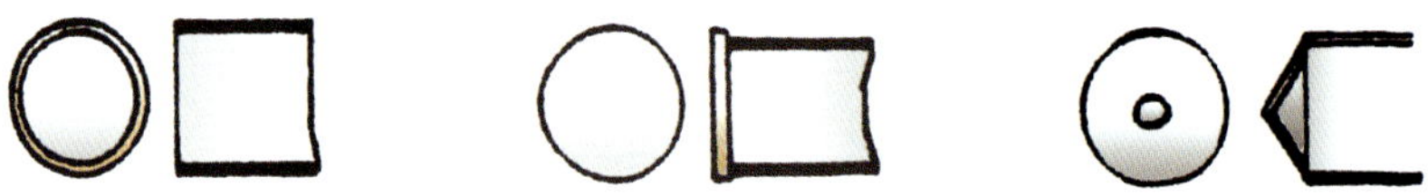

말뚝의 형상과 모형

폐단말뚝

말뚝 선단부를 밀폐시켜 말뚝 타입시 지반의 다짐효과를 얻을 수 있으며 파일 내부에 지하수 등 이물질의 침투를 최대한 억제시킬 수 있는 형상의 말뚝을 말한다.

개단말뚝

파일의 선단 형상이 open type으로 개방된 상태로서 강관 파일에서 주로 사용되어지는 형식이다.

선단확대말뚝

선단확대말뚝이란 현장타설 콘크리트말뚝에서 말뚝 선단부의 단면을 확대시켜 지반과의 접하는 면적을 넓게 하여, 선단 확대부를 Footing으로 이용하는 말뚝이다.

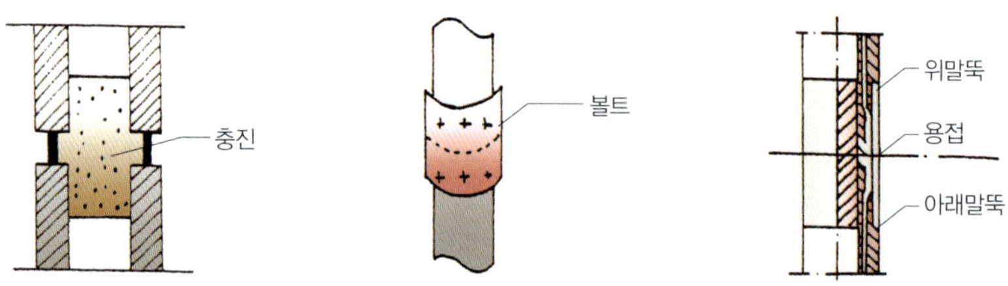

충진식 볼트식 용접식

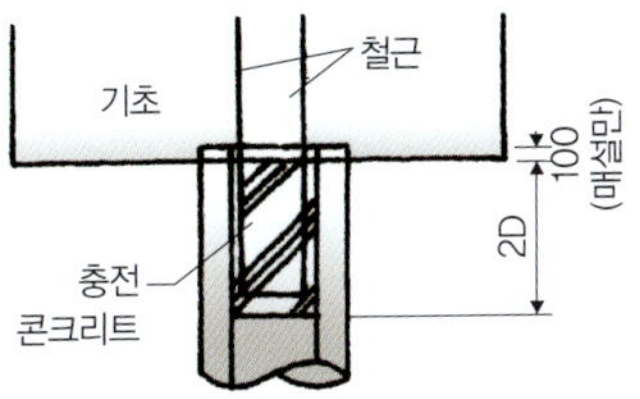

기성콘크리트말뚝 머리

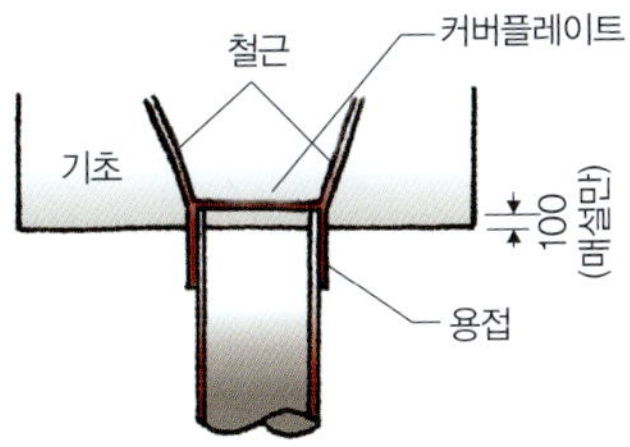

강말뚝의 머리

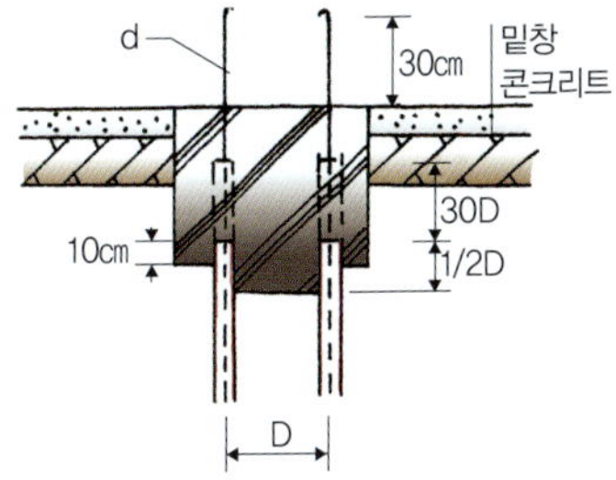

길이가 짧은 말뚝을 기초와 접합하여 보강한 예

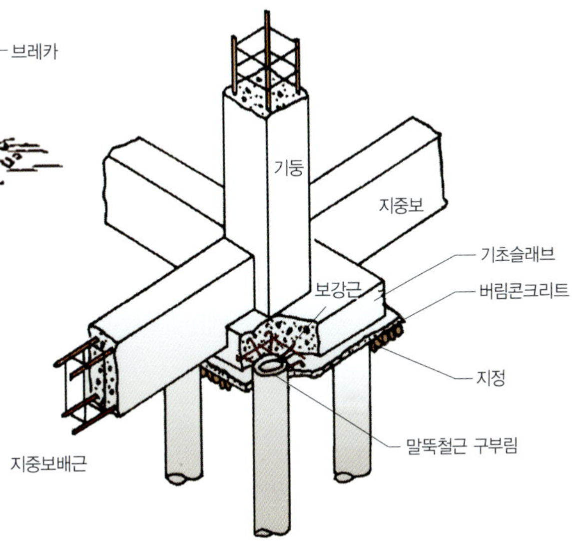

기성콘크리트말뚝

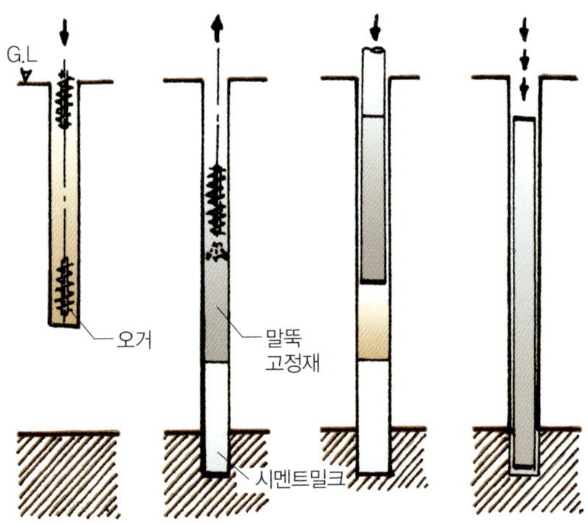

1. 어스오거 굴착 2. 시멘트 밀크 주입 오거 인발 3. 말뚝삽입 4. 타격 또는 압입

프리보링공법

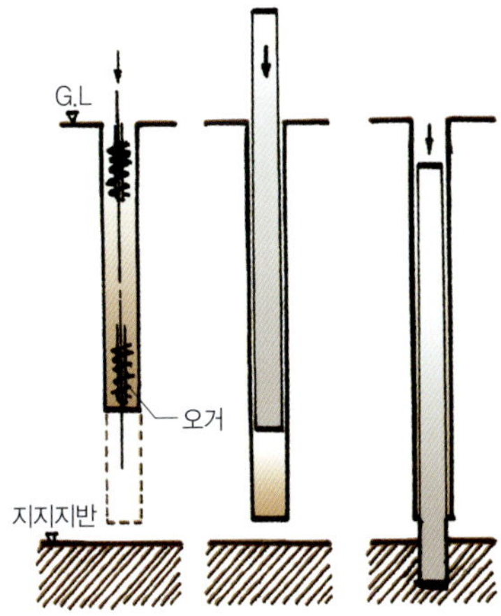

1. 어스오거 굴착 2. 말뚝 삽입 3. 타 격

프리보링 병용 타격공법

프리보링공법

미리 지반을 오거로 소정의 심도까지 굴착한 후, 기성말뚝을 삽입하는 공법으로 말뚝의 지지력 확보를 위해서 말뚝을 타격하는 것과, 밑다짐액을 주입하고 말뚝을 압입하는 것이 있다.

프리보링 병용 타격공법

일정심도까지 오거 보링 후 타격 압입하는 공법이다.

회전압입공법

말뚝 선단부에 삼각추를 부착하여 소정의 깊이까지 회전압입시키고, 시멘트 밀크를 주입하여 굳히는 방법이다.

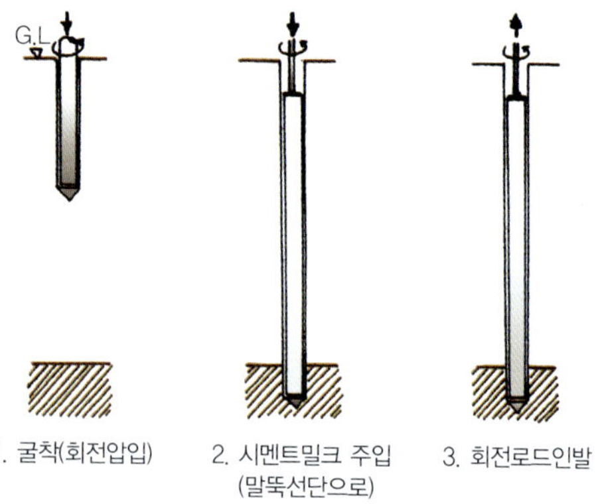

회전압입공법

수사법

고압 Water Jet와 Silent piler를 각 지질조건에 적합하도록 조합시켜 Pile을 압입하는 공법으로서, 흙의 저항과 마찰을 일시적으로 저감시키고 중간층과 지지층에서의 압입을 하는 공법이다.

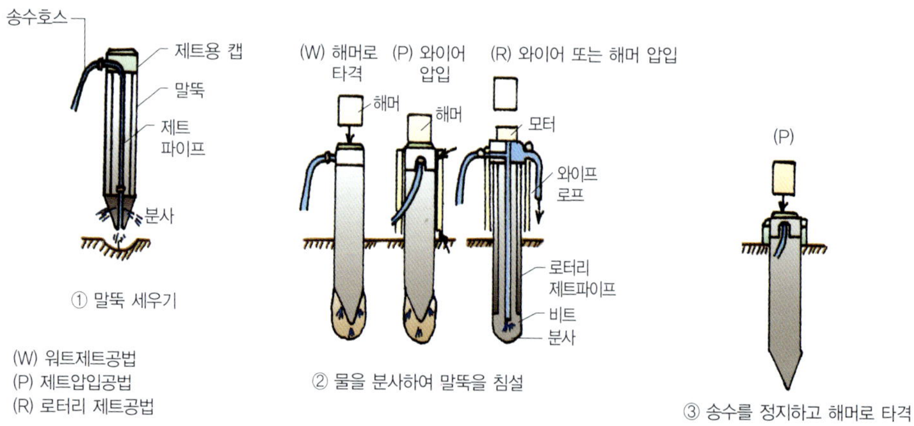

수사법

리버스서큘레이션공법

로터리보링기의 압력수 순환경로의 반대방향으로 물이 순환하면서 2m이상의 정수압을 유지하여 공벽의 붕괴를 방지하면서 굴착된 토사를 외부로 배출하는 역순환공법이다.

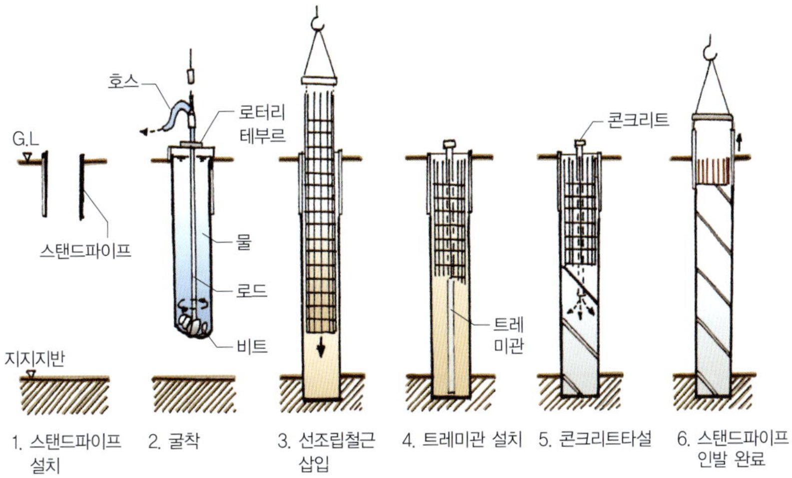

리버스서큘레이션공법

어스드릴공법

지하수가 없고 붕괴의 염려가 전혀 없는 경질의 점토지반 등에 드릴링버킷만으로 굴착천공하는 방법과 가이드 케이싱으로 표층부의 공벽을 보호하고 그 이하는 벤토나이트 안정액에 의하여 버킷으로 굴착하는 두 가지 방법이 있다.

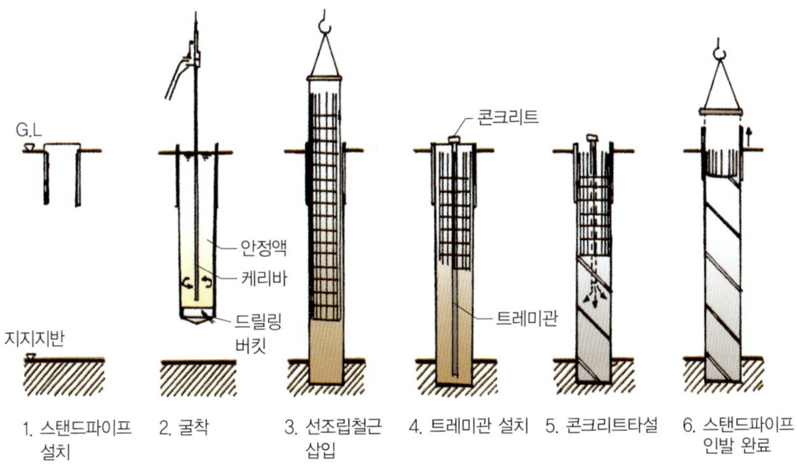

어스드릴공법

베노토공법

튜빙기의 요동에 의하여 케이싱튜브를 압입침하시켜 공벽의 붕괴를 방지하고 헤어글래브로 굴착하여 지지층에 도달한 다음에 지중에 철근콘크리트말뚝을 형성하는 공법이다.

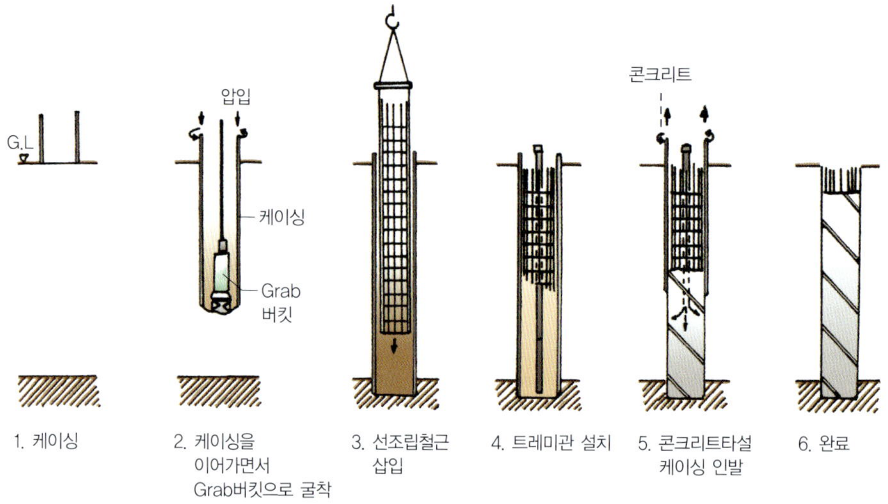

베노토공법(올케이싱공법)

중굴공법

사질층 및 모래 자갈층에 파일을 시공할 때 기존의 SIP나 Pre-boring으로 천공하여 공벽이 전혀 형성이 되지 않는 경우나, 연약지반으로 인하여 안정액으로 처리하여도 공벽이 유지되지 않아 파일의 근입이 어려운 경우에 유효한 공법이다.

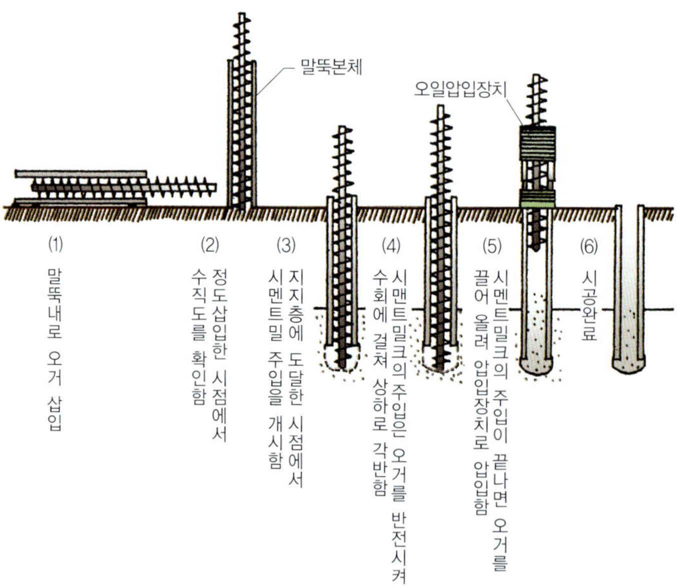

중굴공법에 의한 말뚝 설치

BH공법

Drill Rod를 회전시켜 선단의 비트로 굴착 후 철근망 삽입후, 트리미관을 이용하여 제자리 콘크리트말뚝을 조성하는 방법으로서 공벽보호를 위해 안정액을 이용하고 토사와 함께 배출한다.

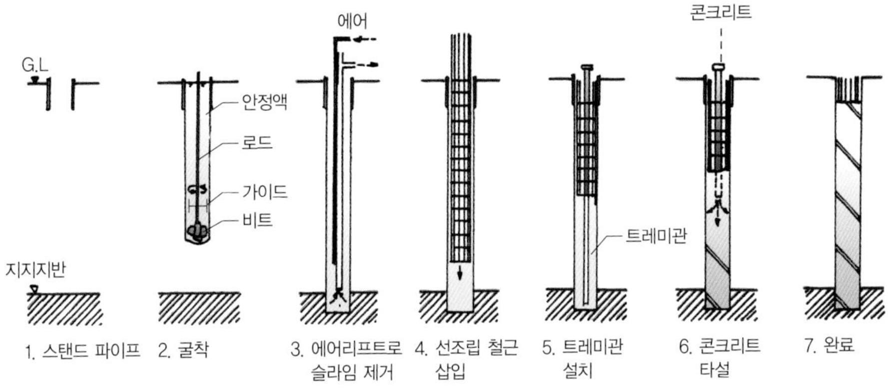

심초공법

기초 저면에 작업공간을 확보하여 기초를 형성하는 공법이다.

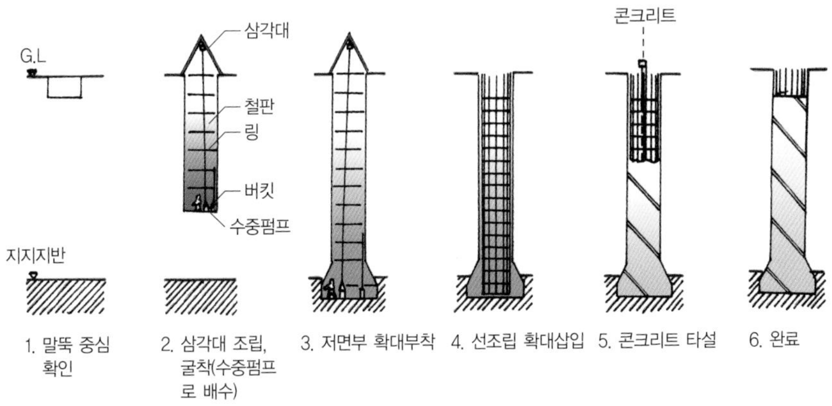

6 흙막이공사

흙막이벽의 종류에 따른 구조도

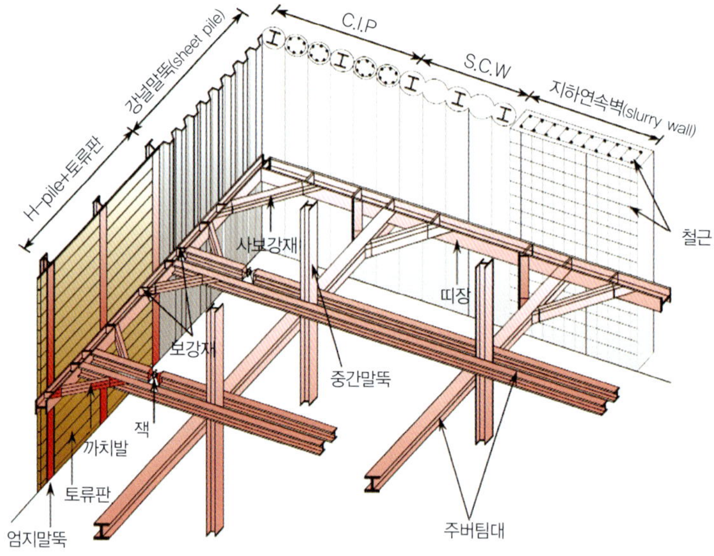

어미말뚝식 흙막이

H형강이나 레일 등을 버팀기둥으로 하는 H-Pile + 토류판공법은 강성은 작지만 투수로 인해 흙막이벽에 걸리는 측압이 작으며 경제적이라 일반적으로 사용한다.

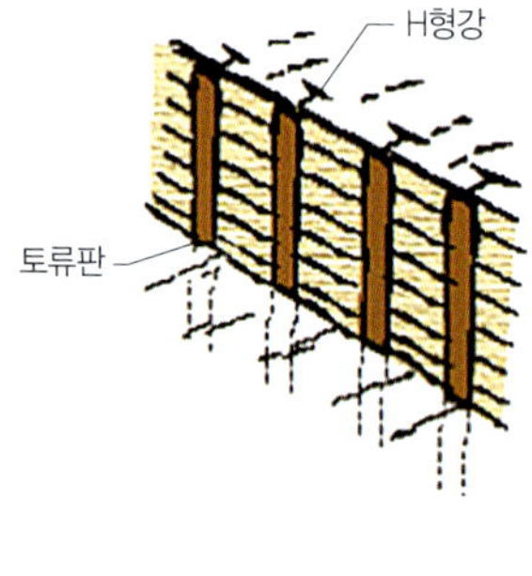

Sheet Pile 흙막이

접속성이 있는 Sheet Pile을 맞물리게 하여 연속타입하거나 진동압입하여 흙막이벽으로 사용하는 공법이다.

현장반입 및 녹막이 처리

H-Pile 처리

가이드월 설치

시트파일 설치

시트파일 인발

시트파일 흙막이공법 시공과정 예

CIP공법(Cast In-Place Pile)

이 공법은 보링기로 굴착한 후 공내에 조립된 철근 및 조골재를 채우고 모르타르를 주입하여 현지조성 파일을 시공하는 공법으로, 지하수위가 높은 지층 성토층 등 극히 연약한 지층에 사용되는 공법이다.

PIP공법(Packed In-Place Pile)

스크루오거로 천공한 후 오거 중심관 선단을 통하여 모르타르 또는 25mm 이하의 조골재가 혼합된 콘크리트를 주입하며, 철근을 사용할 때에는 주입을 완료한 후에 철근을 압입하여 현지조성 파일을 시공하는 공법으로 지하수위가 높은 지층 성토층 등 극히 연약한 지층에 적용되는 공법이다.

MIP공법(Mixed In-Place Pile)

지반을 굴착한 토사와 오거의 축선단부에서 분출된 시멘트풀을 교반, 혼입하여 일종의 소일콘크리트를 만드는 공법이다.

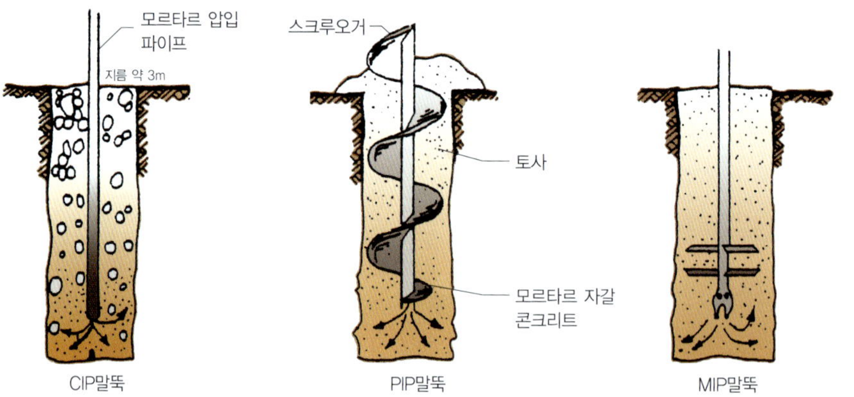

프리펙트 말뚝

Earth Anchor

- 흙막이 배면을 어스드릴로 천공하여 앵커와 모터를 주입경화시켜 버팀대 대신 강재의 인장력으로 토압을 지지하는 흙막이공법.
- 흙막이 배면을 Earth Drill로 천공하여 강선을 삽입하고 Grouting을 실시하여 구조체를 형성한 후 인장력을 확보함으로써 흙막이 벽체를 지지.

SPS(Strut as Permanent System)

- 흙막이벽 구축 후 지하층의 철골기둥을 소요깊이까지 천공, 해당위치에 설치, 기둥하부 부분 타설.
- 굴토가 시작되어 철골구조 설치가 가능한 깊이까지 진행되면 지상1층 레벨에 빔과 거더 설치.
- 한 층에 철골 지지체 공사가 완성되면 차례대로 다음 층을 굴토.
- 철골을 설치해 나감, 소요 깊이까지 굴토가 완료되면 건물 기초 설치.
- 지상층 공사를 병행 UP-UP공법 적용 가능.

PRD기둥 완료시 슬러리월 상단 캡빔 철근 배근

배근이 끝난 부분은 스팬 및 레벨 체크

철근 조립을 위한 토사정리

기초 철근 배근

기둥 철근 배근

콘크리트 타설

Slurry Wall

- 안정액을 사용하여 굴착한 뒤 지중(地中)에 연속된 철근콘크리트벽을 형성하는 현장타설 말뚝공법으로 1950년 초에 이탈리아에서 개발한 것으로 댐의 기초로 활용되거나 내진벽 · 방호벽 · 진동차단벽의 역할, 건축물의 지하 구조물을 축조하기 위한 가설 토류벽 역할 및 본체 벽으로도 많이 활용한다.

가이드월 설치

가이드월 철근 및 형틀작업

슬러리월 굴착장비

굴 착

안정액 시험

굴착 수직도 시험

철근망 삽입

레미콘 타설

Top Down

도심지 공사에 적합한 공법으로 깊은 지하 구조물 시공 시 주위에 악영향을 미치지 않고 시공할 수 있도록 개발된 방법 중 가장 안전한 공법으로서, 굴착공사 이전에 지하외부 벽체(지중연속벽 : 슬러리 월/Slurry Wall)와 지하층 기둥(Bored Pile)을 선시공한 후, 단계별 지하층 슬래브와 토공사를 위에서 아래로 반복해 가면서 지하구조물을 형성한다.

- slurry wall 설치
- 강재기둥, 기초 설치
- 1층 바닥판 설치
- T/C 설치
- 지상, 지하공사 병행
- 지하굴착, 지하구조체 시공

Plant working circle

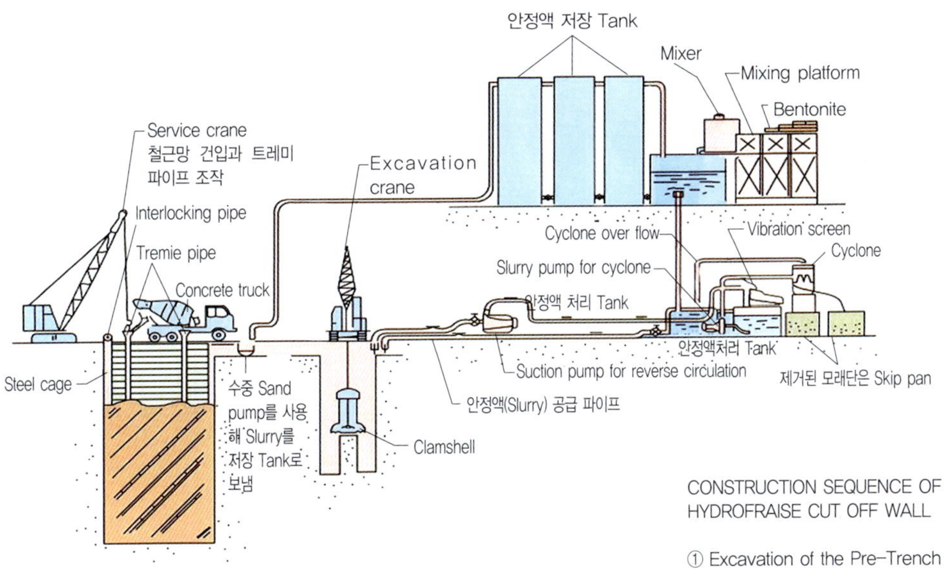

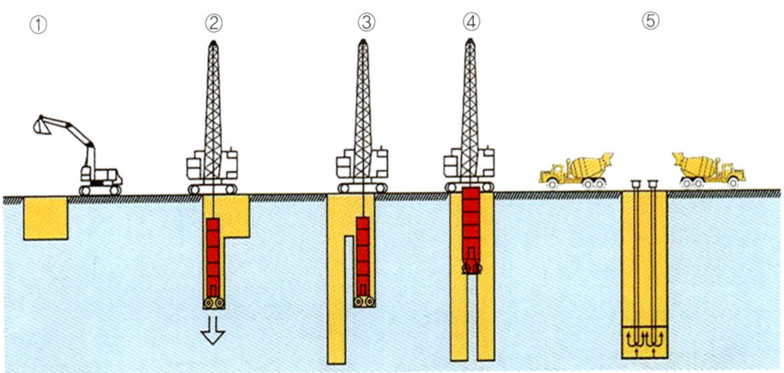

CONSTRUCTION SEQUENCE OF HYDROFRAISE CUT OFF WALL

① Excavation of the Pre-Trench
② Start of Drilling of A Primary Panel, 1st Element(or Barrette)
③ Continuation of Drilling of A Primary Panel, 2nd Element
④ End of Drilling of A Primary Panel, 3rd Element(Wedge)
⑤ Pouring the Concrete of A Primary Panel
⑥ Construction of the Next Primary Panel
⑦ Drilling of an Intermediate Secondary Panel
⑧ Pouring the Concrete of the Secondary Panel
⑨ Continuation of the Excavation of the Pre-Trench

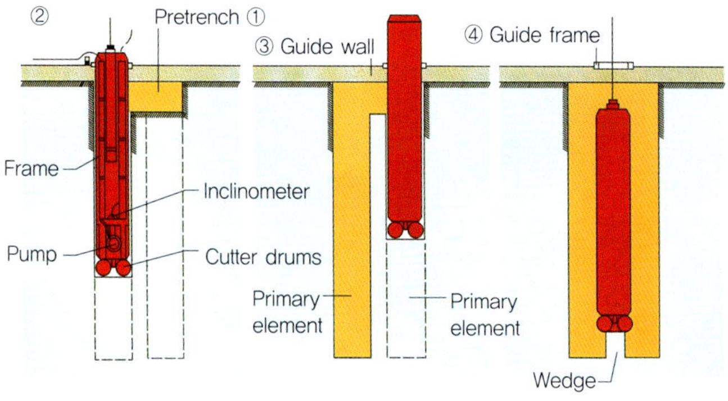

기초

직접기초

직접기초(Direct Foundation)는 상부구조로부터의 하중을 직접 지반에 전달시키는 기초를 말한다.

간접기초

말뚝의 마찰저항 기초의 밑면에 접하는 토층이 적당한 지내력을 갖지 못하여 전면기초와 같은 얕은 기초로 할 수 없거나 구조물을 말뚝으로 지지하는 것이 경제적일 때 사용한다.

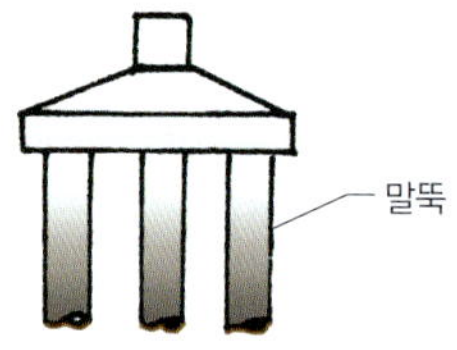

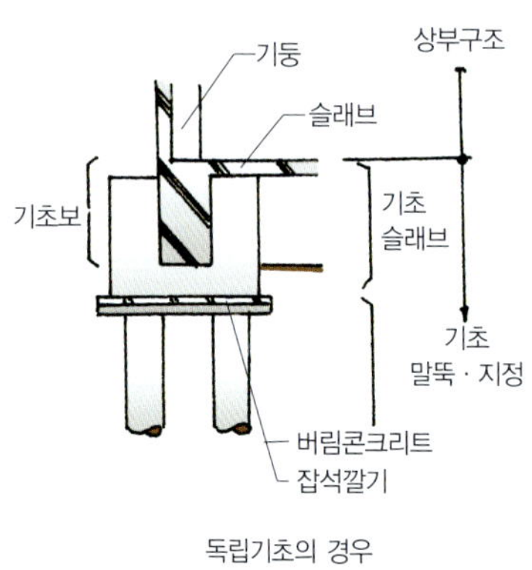

독립기초의 경우

하나의 독립된 기초로 지지하는 경우

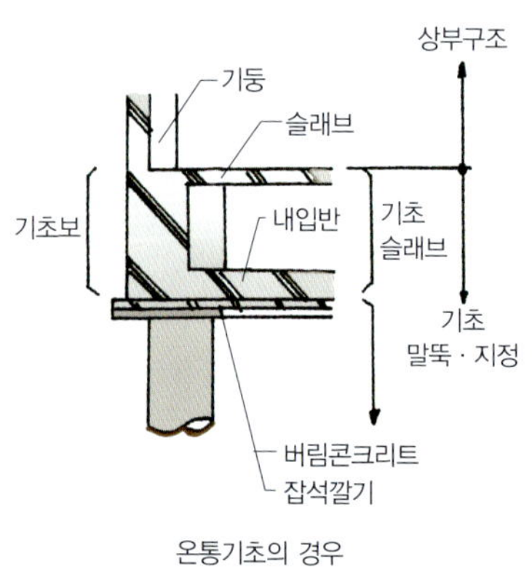

온통기초의 경우

건축물 바닥 전체가 기초로 되어있는 구조

7 지하구조체

지하구조체

지하에서의 작업은 빗물뿐만 아니라 지하수나 그 수압에 대한 대책을 필수적으로 수립해 놓아야 한다.

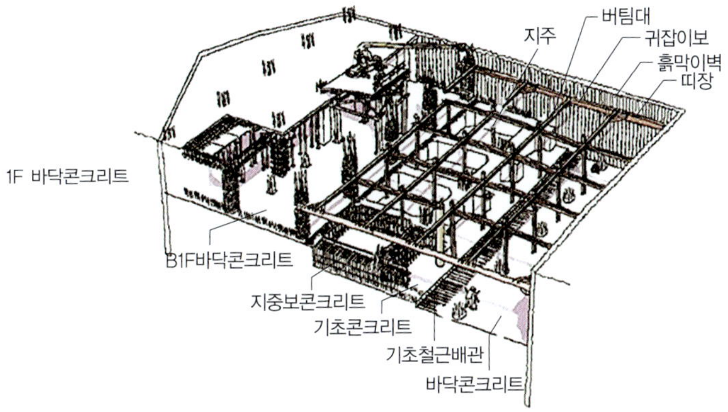

지하시공 순서

파일을 지하에 압입하고 흙을 절토해 내려가면서 상단부에 수평 버팀대로 지지한다. 소정의 위치까지 굴착한 후 기초 또는 구조물을 완성하여 흙막이 벽을 지지하며, 기초를 구축한 후 가설물을 철거하면서 공사를 진행한다.

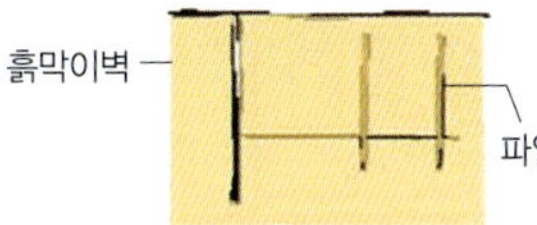

1. 흙막이벽, 지주의 시공

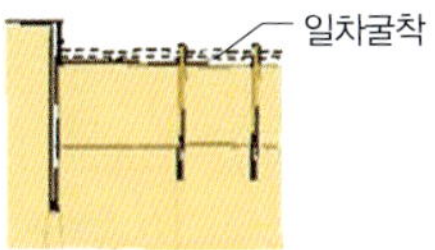

2. 1차굴착

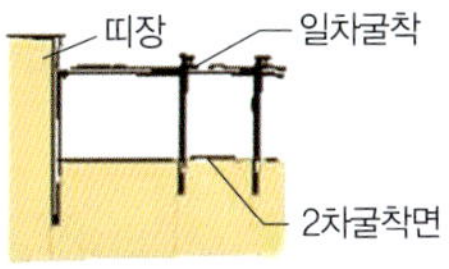

3. 2차굴착(띠장버팀대 시공)

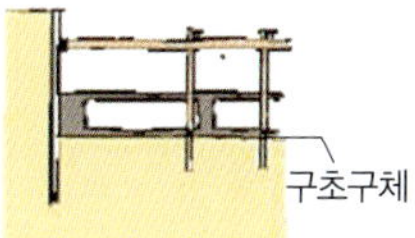

4. 기초구조체 시공

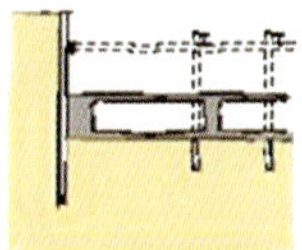

5. 띠장 · 버팀대 · 지주해체

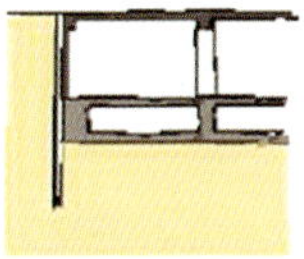

6. 지하구조체 공사

오픈컷공법

굴착부분을 경사면으로 굴토하여 흙막이벽이나 가설 구조물 없이 굴착하는 방법.

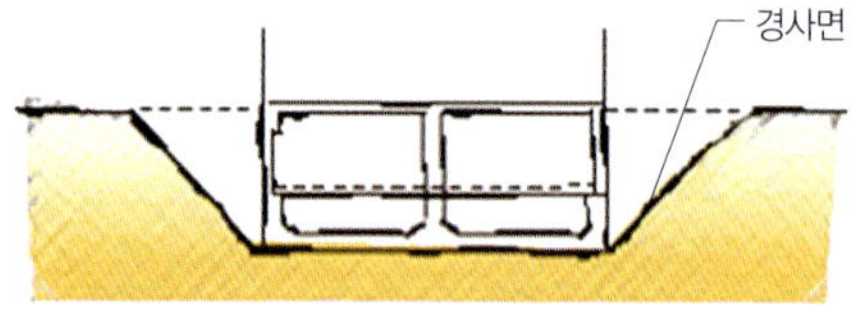

아일랜드공법

흙막이벽이 자립할 수 있는 만큼의 경사면을 남기고 중앙부분을 먼저 파고 구조물의 기초를 축조한 다음 버팀대를 여기에 지지하고 다시 주변흙을 파내어 구조물을 완성한다.

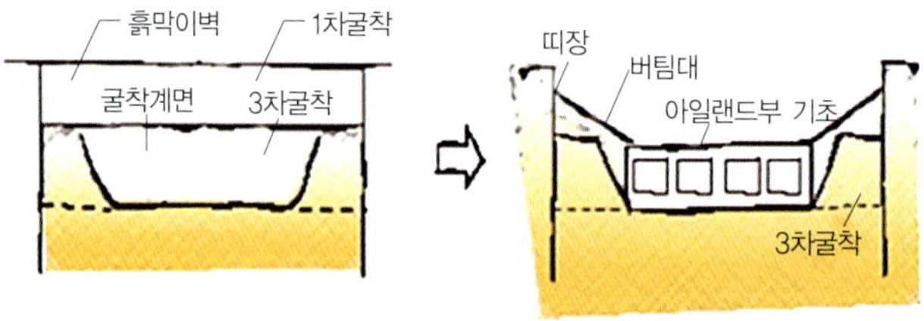

어스앵커공법

버팀대 대신 어스앵커로 흙막이벽의 측압을 지탱하며 굴착하는 방법.

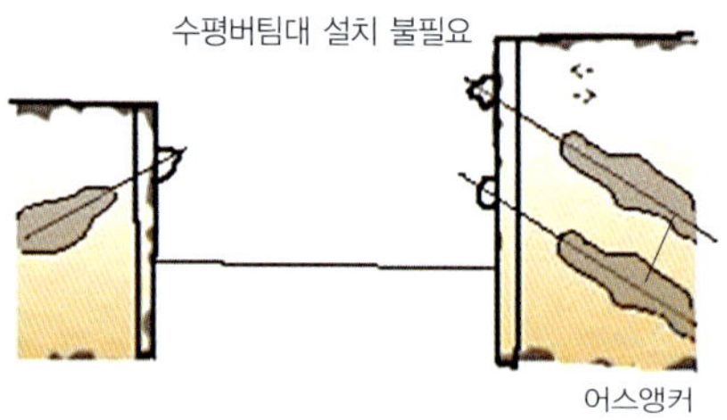

역타공법

흙막이벽을 설치한 본체 구조의 1층 바닥을 축조하여 흙막이벽을 지지하는데 이용하고, 아래쪽으로 굴진하여 지하 각 층 바닥, 보를 흙막이벽 지지물로 하여 차례로 굴착하는 동시에 지상부의 구조체 시공도 상부로 진행한다.

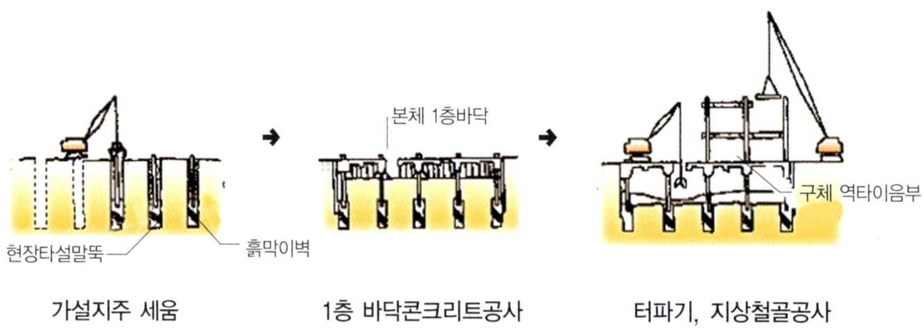

외방수

부지에 여유가 있을 때에는 흙막이벽을 구조체에서 띄어서 설치하고 구조체에 방수시공한다.

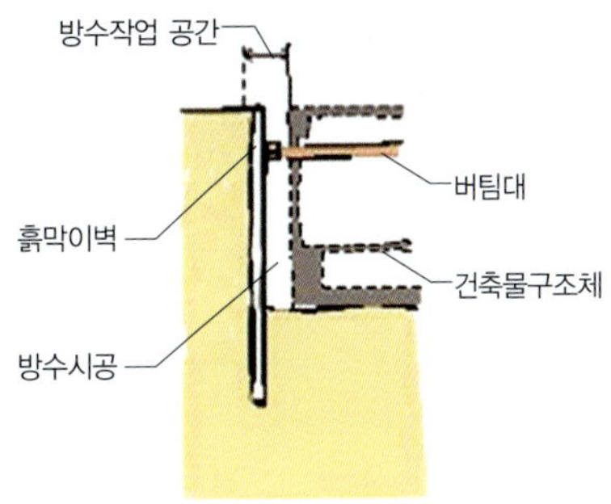

내방수

최근 부지 전체에 건축물이 시공되는 경우가 많으며 흙막이벽이 지하외부 지반에 접한 상태(합벽)에서는 내부를 이중벽으로 할 필요가 있다.

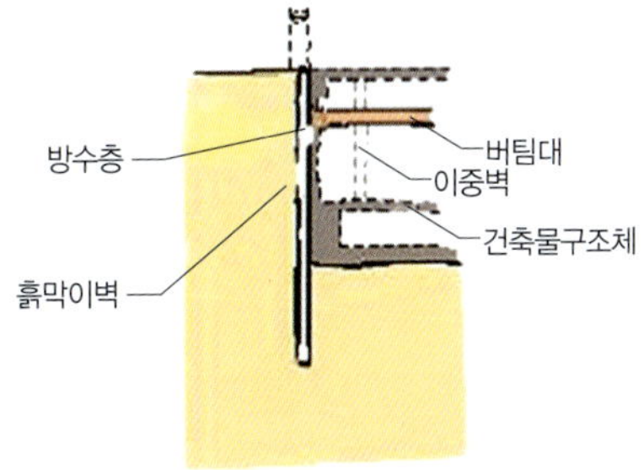

면진구조

기초 위에 면진장치를 설치하고 그 위에 상부건축물을 구축하여 지진동을 상부 구조체에 전달되지 못하도록 만든 공법.

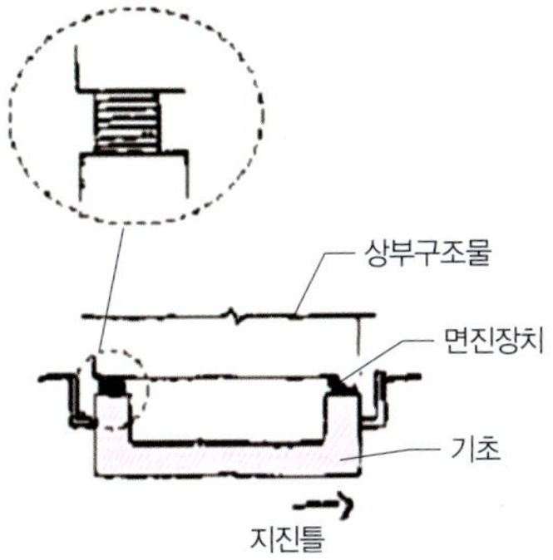

8 양중설비

현장에서 공사를 수행하기 위하여 중량물을 상하 또는 좌우로 운반하거나 작업자와 자재를 운반하기 위한 설비물.

크레인

타워 크레인은 붐(boom)의 작동방식과 상승방식에 따라 구분되는 것으로 수평형과 기복형, 고정식과 상승식 그리고 이동식으로 구분한다.

주변환경 및 배치위치	건축물 안에 설치할 경우	건축물의 밖에 설치할 경우
대지상항	현장이 협소한 경우	현장의 대지가 충분한 경우
마감공사	마감공사가 매우 복잡한 경우	영향 없음
건물형태	일반 상업용 건물과 같이 마감이 단순한 건축물	공동주택 등의 복잡한 건물

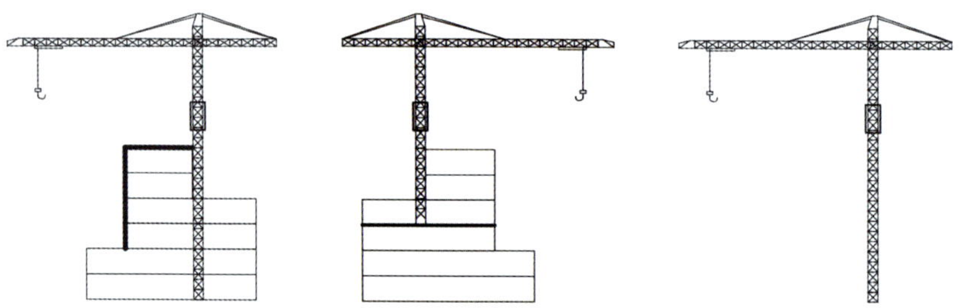

고정식(Stationary type) 상승식(Climbing type) 이동식(Travelling type)

- 고정식 : 건물의 외측에 설치되고 높이가 높을 경우 telescoping작업을 필요로 함.
- 상승식 : 건물 내부에 설치되고 상승시 T/C의 유압장치를 사용하며, 건물에 발생하는 응력을 고려한 보강이 필요함.

• 이동식 : 저층의 넓은 건물에 사용하고 이동을 위한 레일을 설치 지내력을 조사하고 요철을 제거해야 함.

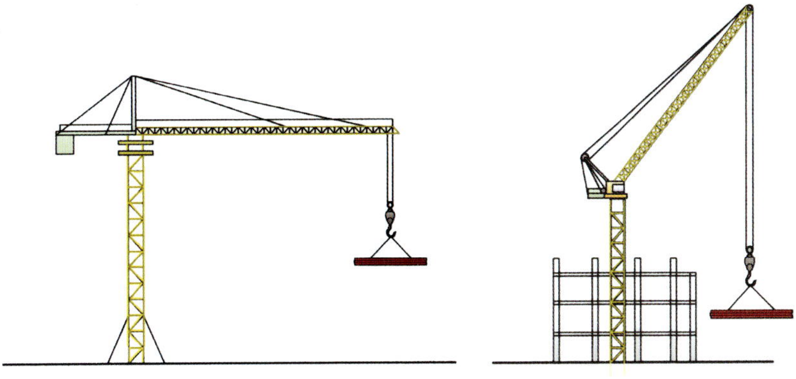

수평형 크레인

기본형 크레인

• 고정위치에서 양중하는 크레인에는 타워 상부의 붐만을 선회하는 수평지부식과 붐이 상하로 움직이는 경사지부식이 있다.

• 클라임 크레인의 상승 : 설치된 유압실린더를 압축시키고 고정마스터를 해체 또는 접어 상향으로 조정한 뒤 가설물을 통하여 다음 높이까지 마스터를 올려 고정한 후 실린더를 늘려 계속적으로 크레인을 상승시킨다.

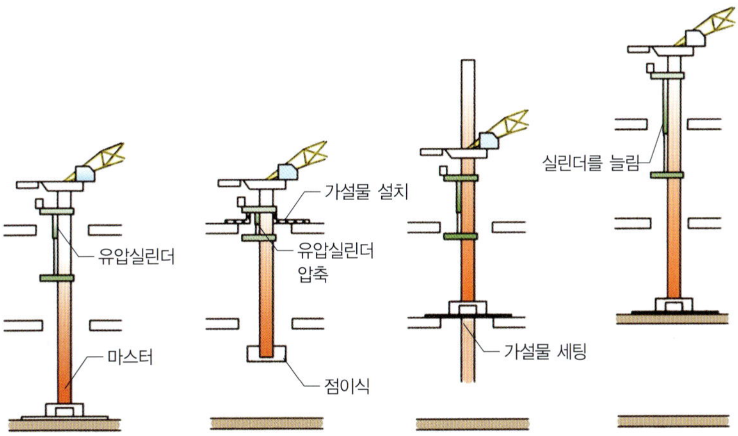

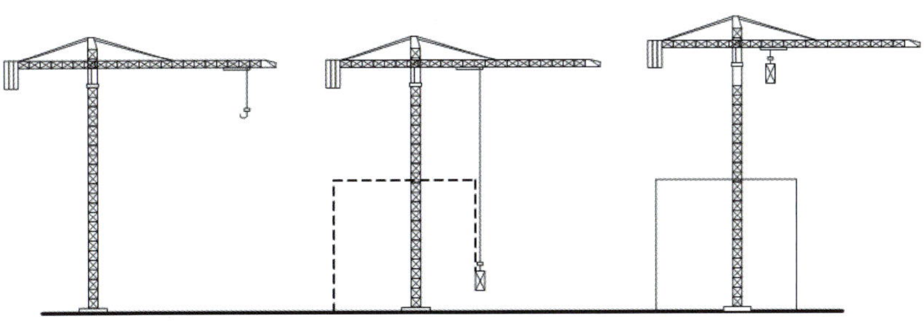

1. 텔레스코핑전

2. 마스트 양중

3. 클라이밍슈 작동(마스트 상승, 삽입공간 확보)

당김줄

크레인 고정

안전망 설치

마스터 인양

마스터 조립

양 중

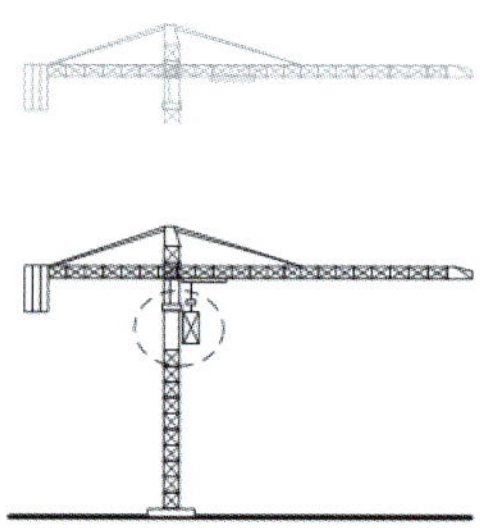
4. 마스트 삽입(반복)

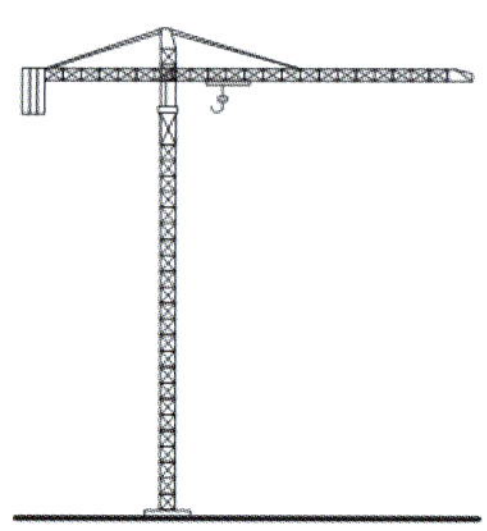
5. 텔레스코핑 완료후

앵커 설치

크레인 반입

버림 con'c 타설

크레인 설치

① Basic Mast 설치 : Telescoping Cage 부착

② Tower Crane Head 설치 : Mono Rail 설치

③ Cabin 및 Head 설치 : 운전실 설치

④ Counter Jib 설치 : Tie Bar 조립

⑤ Main Jib 설치 : Tie Bar 및 Trolley 조립

⑥ Ballast(cound 조립) : 전기장치 결선 및 전기 인입

⑦ Telescoping

⑧ 자체안전검사 실시

⑨ 안전검사 합격 후 사용 : 산업안전관리

이외의 양중장비

- 진폴(Gin Pole) : 소규모 또는 가이데릭으로 할 수 없는 옥탑 등의 돌출부에 사용하는 장비로서 중량재료를 달아 올리기에 적합하다.
- 스티프 레그 데릭(Stiff Leg Derrick) : 건물층수가 적은 긴 평면에 유효한 장비로서 당김줄을 마음대로 맬 수 없을 때 유리한 것으로, 회전범위는 270으로 붐의 길이는 마스터(Master)보다 길다.
- 크롤러크레인 및 트럭크레인 : 자주 또는 자립할 수 있으며, 대규모 공장 건축에 적합하다.

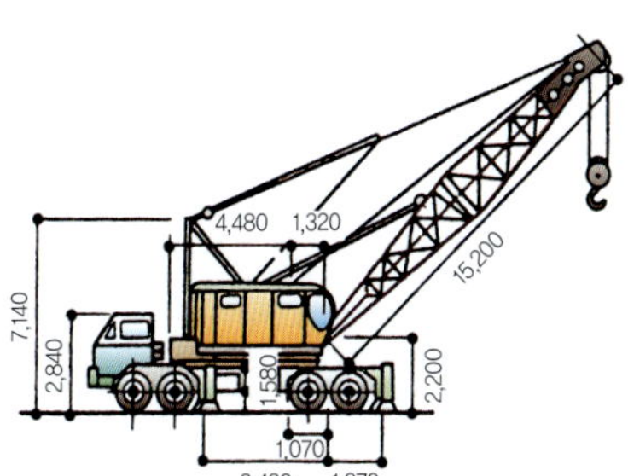

트럭크레인

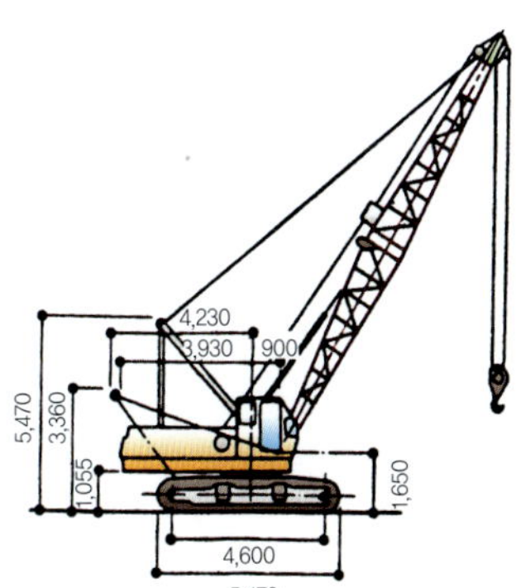

크롤러크레인

호이스트

호이스트는 인원 및 자재의 양중에 사용되는 수직이동용 건설장비로서 아파트공사에서 자재의 운반이 많은 부분은 조적(벽돌)공사이며, 주로 벽돌, 모래, 시멘트이다. 근래에는 현장의 정리정돈을 위하여 프리믹스 타입의 모르타르로 대체하는 경우도 많이 있다. 통상, 호이스트의 적정중량을 고려하여 적용대상 건물에 대한 양중계획을 수립하여야 한다.

9 가설공사

가설공사는 건축공사에서 본 공사를 위하여 필요한 일시적인 설비를 하는 공사를 하는 공사를 말하며 본 공사가 끝나면 해체된다.

가설 출입문과 울타리

※출입문과 울타리의 역할

- 안전을 위한 일반인의 출입통제
- 도난 방지 목적
- 비산먼지 방지의 목적
- 관계자 이외 출입제한

가설 울타리

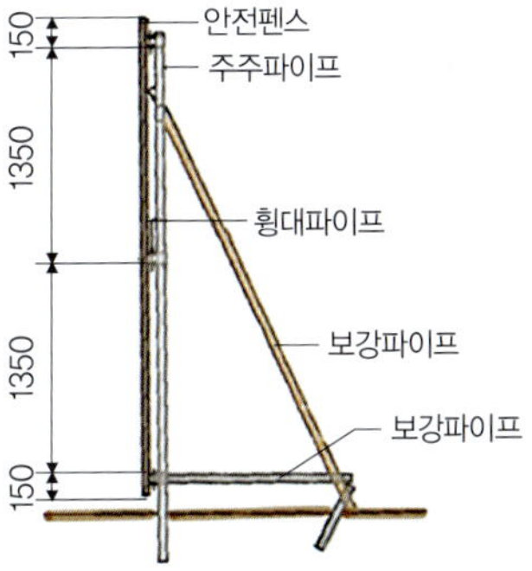

가설 울타리 단면

가설 건물

가설 사무실

가설 건물은 가설 사무실, 경비실, 실험실, 현장내 식당, 창고, 화장실, 샤워실 등이 해당된다.

가설 사무실

샤워장

화장실

가설용수

공사용, 방화용, 식수, 위생설비, 청소 등을 위하여 사용하는 물을 만든다.

위생용수 : 40ℓ /(인/일)
세륜용 : 100㎡당 0.15ton

가설전기

건설공사시 임시로 수전하여 단기간 사용하고, 철거하는 전기설비를 말한다.

호이스트 : 30KW/대 집 크레인 : 50KW/대

가설 변대

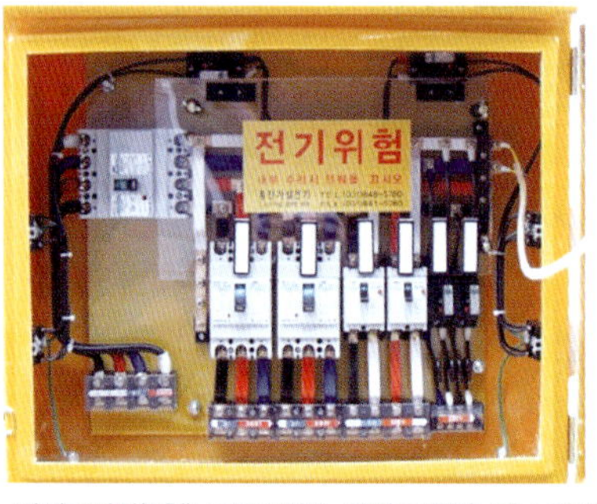

타워크레인(T형) : 75KW/대, 타워크레인(L형) : 90KW/대

분전반

직접가설공사

비계의 구조와 용도에 따른 분류

구 조	비계의 명칭		용 도
고정비계	본비계	조립비계	외부 · 내부비계
		단순강관비계	외부 · 내부비계
	한쪽비계		외부 · 내부비계
	달아낸 비계		외부비계
	가대 비계		내부비계
	접이식비계		
	울타리 비계		내부비계
	양중비계	양중울타리비계	철골공사용
		양중틀비계	철골공사용
	기타	비계다리	
이동비계	이동식 비계		
	기계식 승강비계		
	기계식 신축비계		

비계

건물의 높이, 비계사용기간 작업내용을 검토하여 적절한 비계를 선택해야 한다.

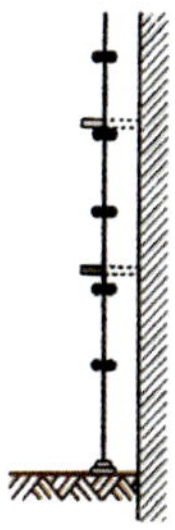
겹비계

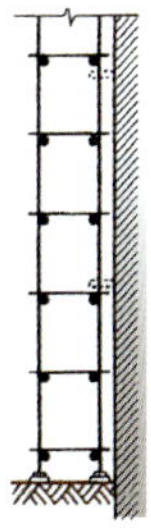
쌍줄비계

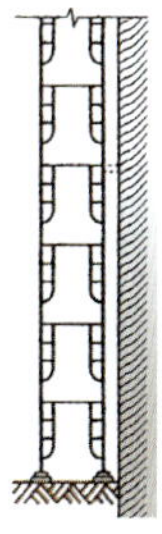
틀비계

강관비계 조립순서

1. 깔판
2. Base 철물
3. 기둥
4. 띠장
5. 장선
6. 가새
7. 벽이음
8. 작업발판

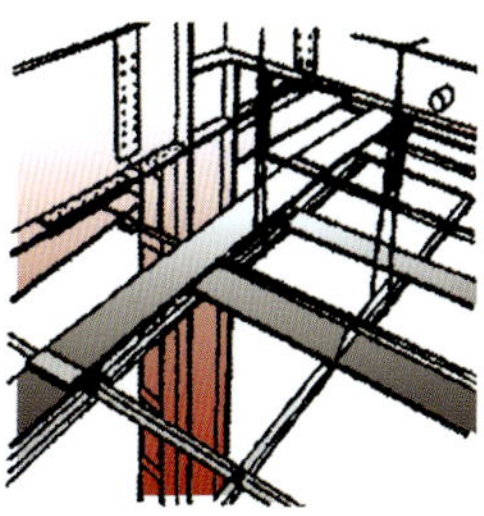
양중울타리 비계

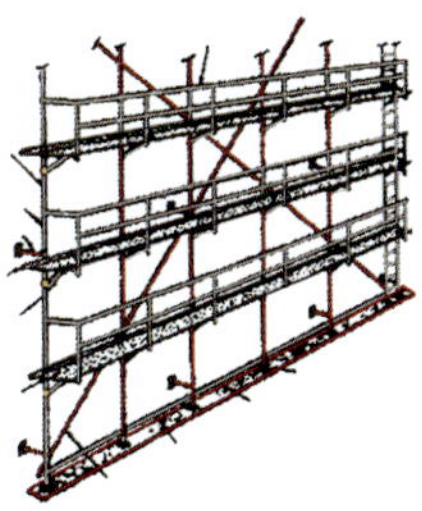
브래킷 한쪽비계

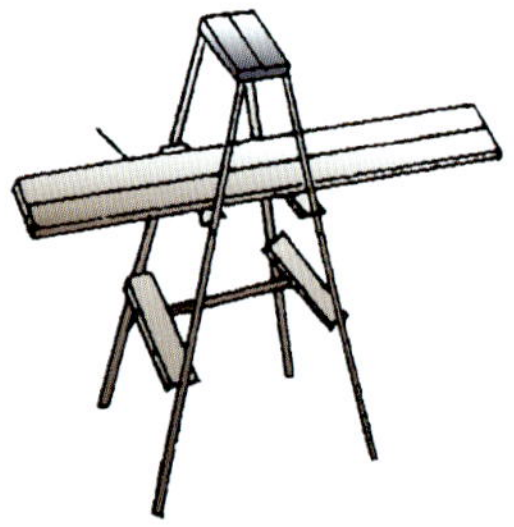

달비계

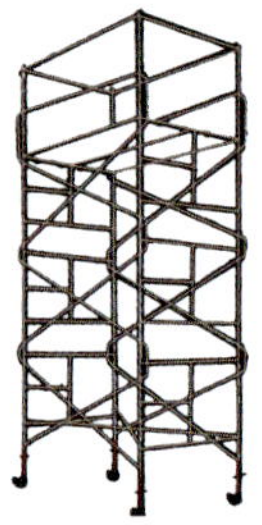

이동식 비계

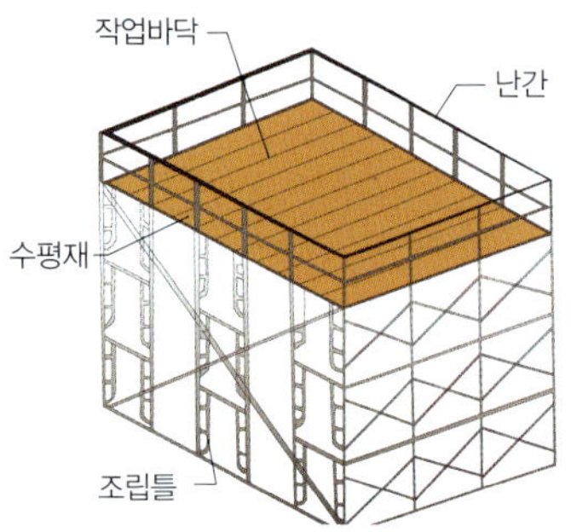

울터리비계의 예

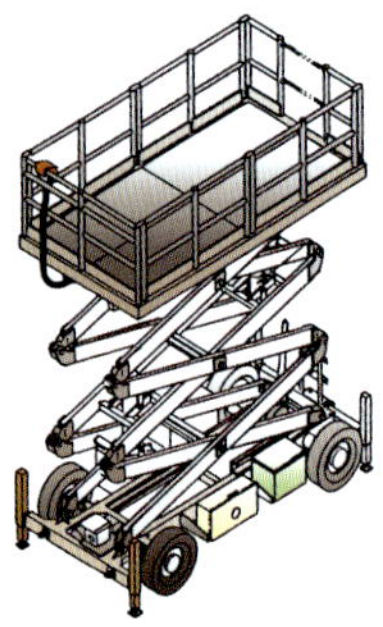

기계식 신축비계의 예

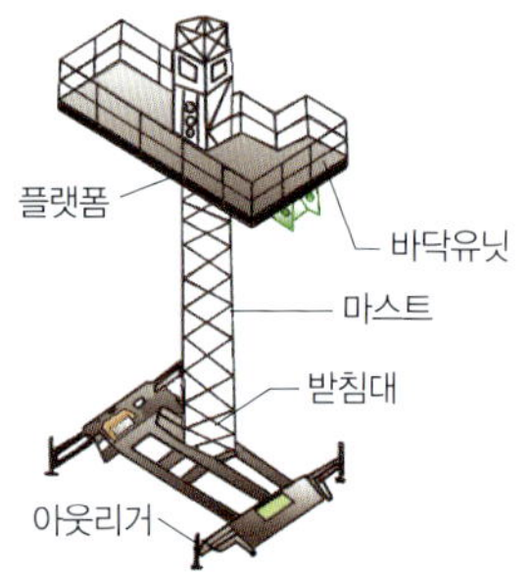

기계식 비계의 예

가설계단

가설계단 설치기준

- 경사도 – 30° 이상, 60° 미만(35° 정도가 적당)
- 강도 – 500kgf/㎡ 이상, 안전율 4 이상
- 계단 폭 – 40㎝ 이상
- 계단참 – 꺾임부분 및 높이 7m이내마다 설치 길이 1.8m 이상
- 기타 – 양단의 고정부위는 탈락 및 미끄러짐이 발생하지 않을 것.

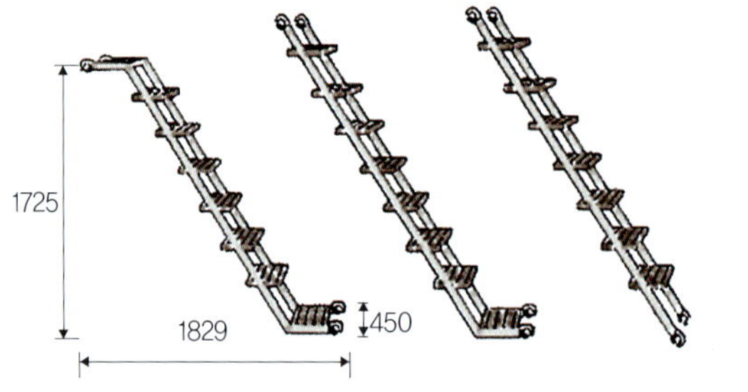

Z-Type L-Type I-Type

가설계단 조립

- 기성제 발판을 강관에 연결하여 조립
- 발판 간격 및 경사도 조정 가능

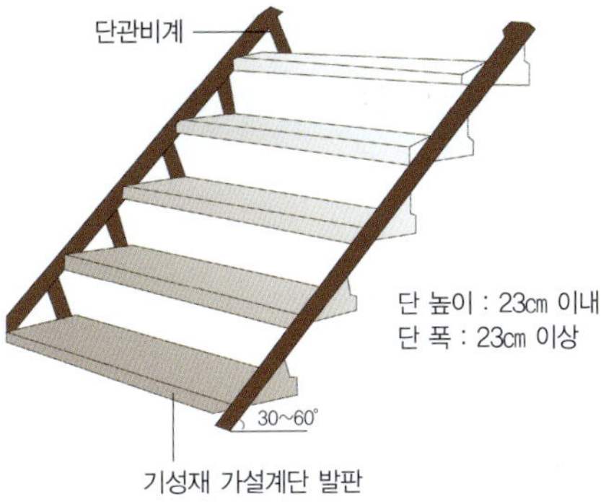

복공판

복공판 기능과 구성

굴삭공사의 굴삭기계나 덤프차의 통로, 재료반입용 트럭 등의 통로, 철골 근입용 중기의 작업바닥 등으로 필요하다. 충분한 강도를 필요로 하고, 일반적으로 H형강을 사용한다.

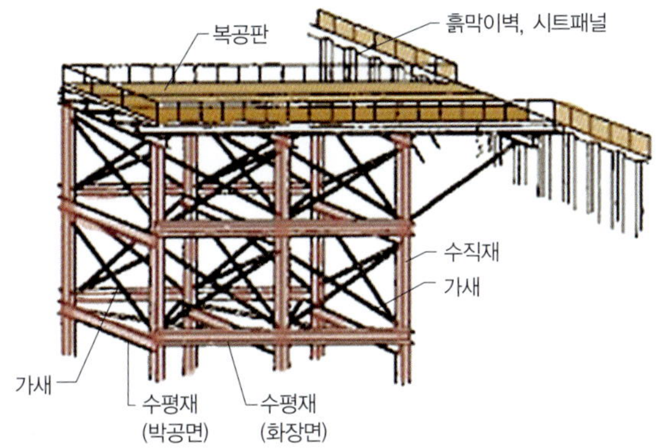

10 건축재료

시멘트 종류

보통포틀랜드시멘트
일반적인 시멘트

조강포틀랜드시멘트
강도발현이 빠르며, 긴급 공사나 동절기공사에 사용

고로시멘트
초기강도는 낮지만 장기 강도가 높고 화학저항성이 크다.

알루미나시멘트
수 시간 내에 포틀랜드 시멘트 28일 재령 강도를 발현시킨다.

팽창시멘트
콘크리트의 건조수축 균열을 방지하는 시멘트

혼화제 종류

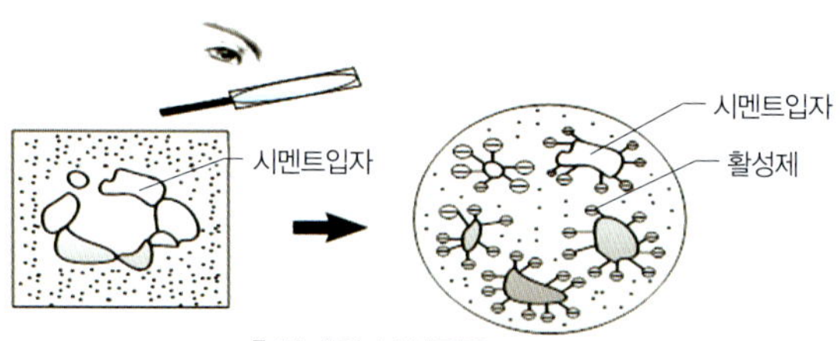

혼화제의 분산작용

AE제 계통
표면 활성제를 포함한 용액에 기계적 수단으로 공기를 혼입시켜 용액에 둘러싸인 기포를 생성함으로써 경량화나 시공연도 증진의 목적을 추구한다.

감수제 계통
응집된 입자를 전기적으로 반발 분산시켜 시멘트 입자 사이의 물과 공기 입자를 해방시킴으로써 유동성을 확보한다.

공기연행제 계통
시멘트 입자의 표면을 적셔 시멘트 입자와 물을 충분히 접촉시켜 수화작용을 활성화시킨다.

혼화제

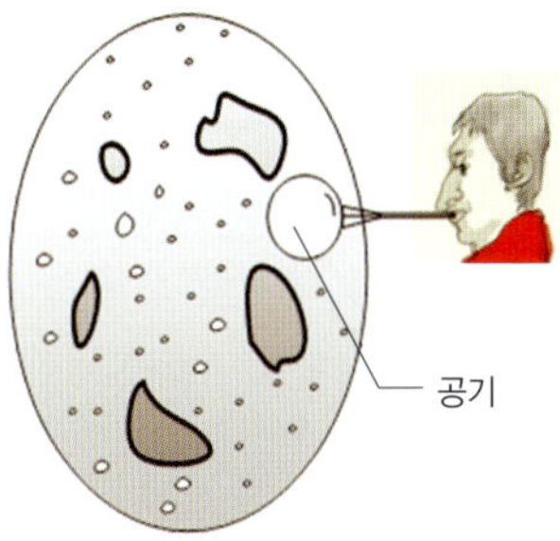

AE제(Air-Entraining Agent)

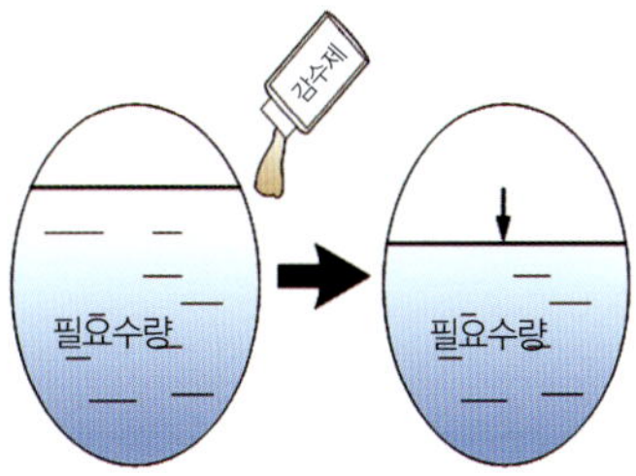

감수제(Water-reducing Agent)

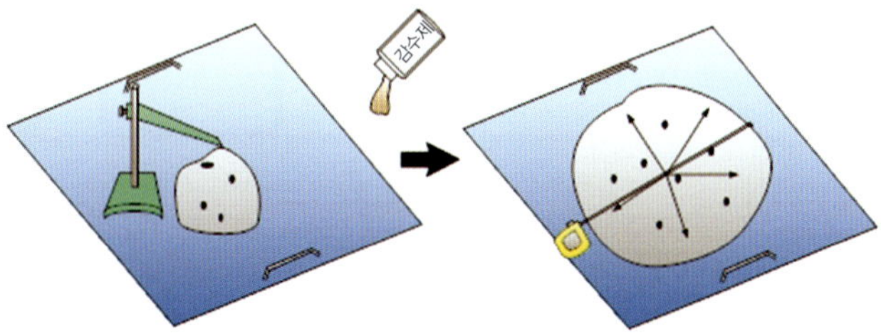

고성능 감수제와 유동화제

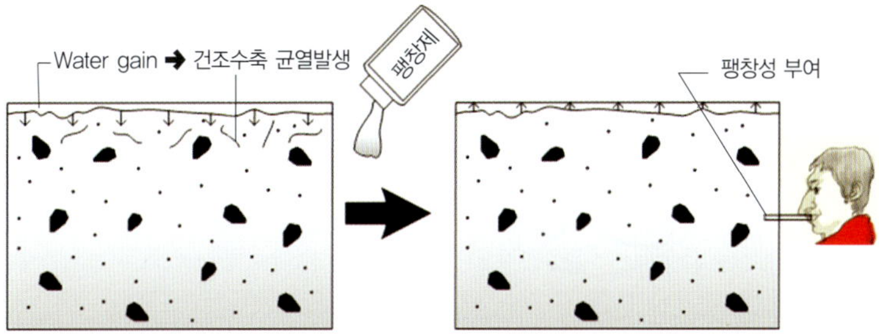

수축저감제(팽창제)

••• 고로슬래그 미분말

제철공장에서 선철과 배출되는 용융상태의 슬래그를 물, 공기 등으로 냉각하여 입상화 한 것을 고로슬래그라 하며, 수화열 억제, 알칼리 골재반응 억제, 내화학성 및 장기강도 증진 등의 특성이 있다.

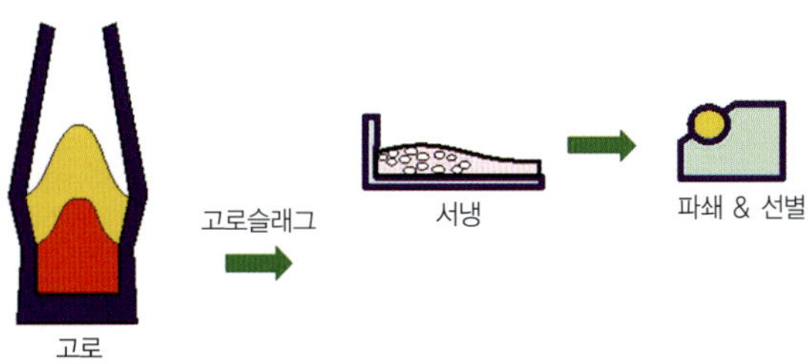

플라이애시

화력발전소 등의 연소 보일러에서 부산되는 석탄재로서 집진기에 의해 회수된 혼화재로, 수화열 억제, 장기강도 개선, 내화학성이 높은 특성이 있다.

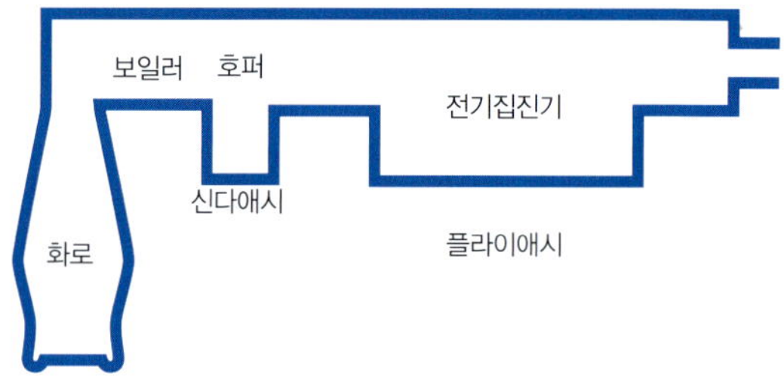

실리카흄

실리카흄은 규소철과 실리콘메탈의 생산과정에서 생성되는 가스를 수집 여과하여 포집되는 마이크로실리카 입자로 콘크리트 등의 혼화재로 응용되는 재료이다.

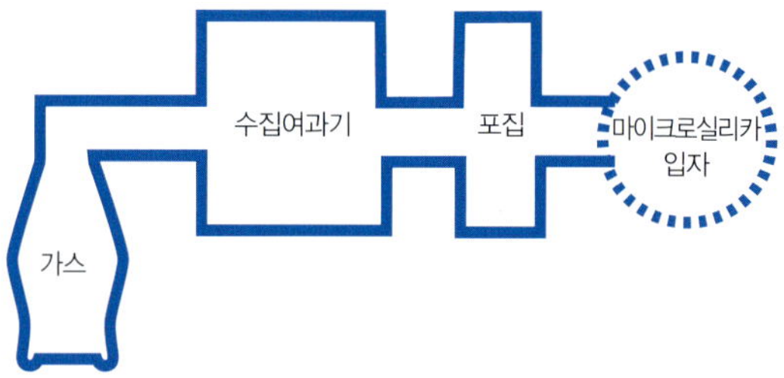

규소철과 실리콘메탈 생산과정 중 가스가 발생

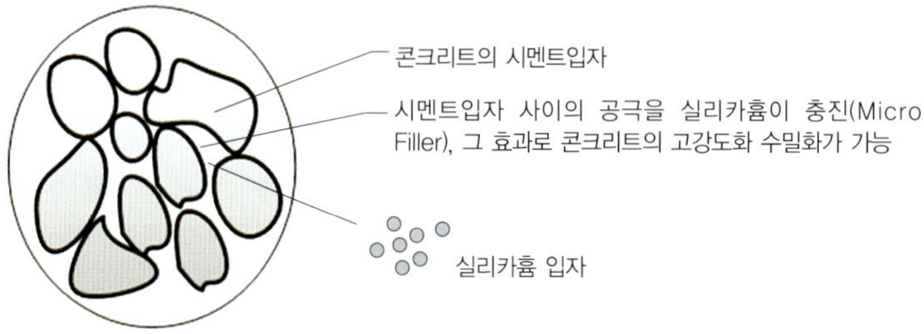

철근

이형철근

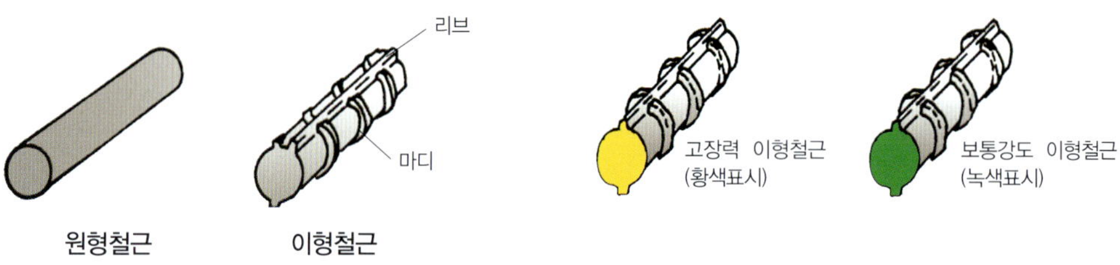

종류	기호
원형철근	SR 24, 30
이형철근	SD 30A, 30B, 35, 40, 50

※ 이 중 SD 35, 40, 50을 고장력 철근이라고 함.

와이어 메시(용접철망)

용접철망은 지름 3.5mm 또는 4.3mm 철선을 가로 · 세로로 직각으로 15~20cm 간격으로 배치하고 교점을 전기저항용접을 한 것으로, 크기는 1.5m×3.0m 정도로 하거나 1.2m~2.4m의 두루마리(fabric mat)로 한다.

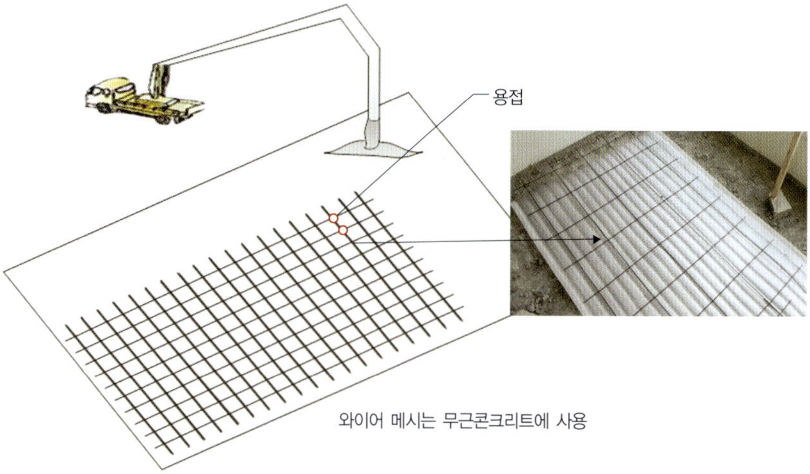

와이어 메시는 무근콘크리트에 사용

PC 강선

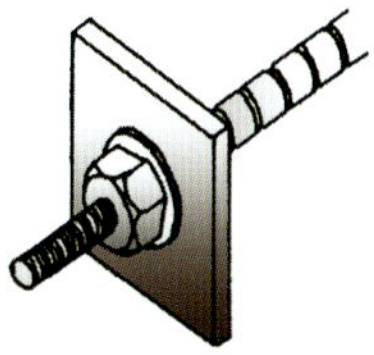

나사식 : PC강봉

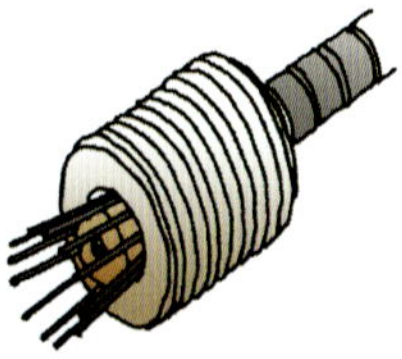

쐐기식 : 프레시네(PC강선)

쐐기식 : OBC(PC스트랜드)

PC구조

공장에서의 PC부재 제작과정

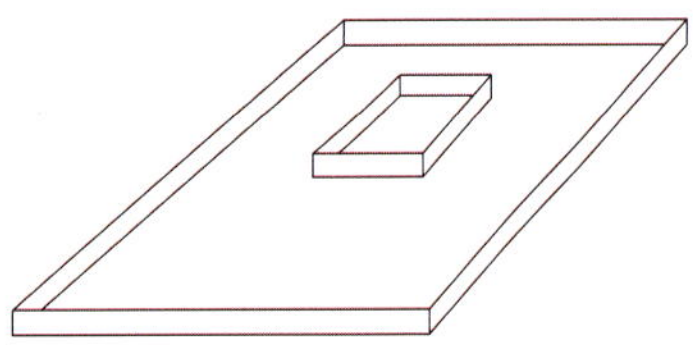

거푸집 조립

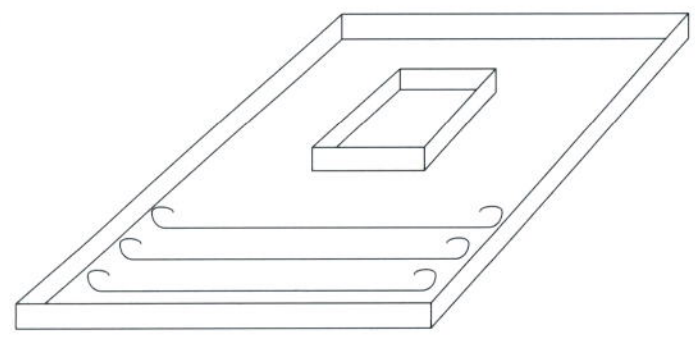

거푸집내 철근배근

콘크리트 제조

보통콘크리트 보다 시공연도가 낮아 강도가 높음

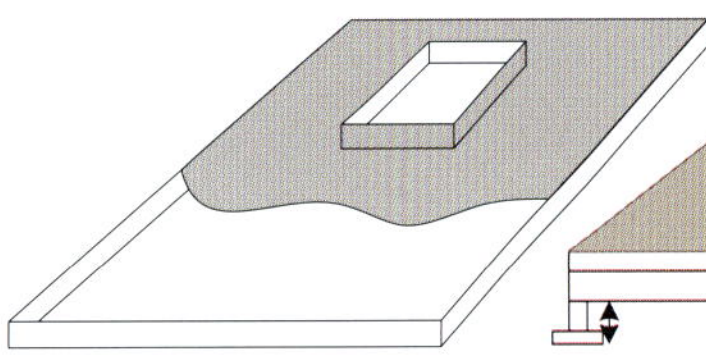

콘크리트 타설

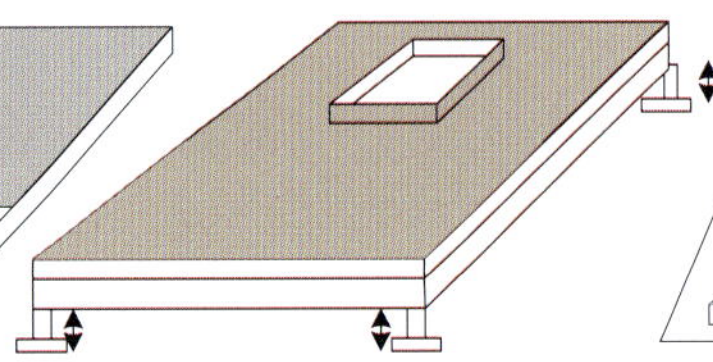

테이블식 진동다짐

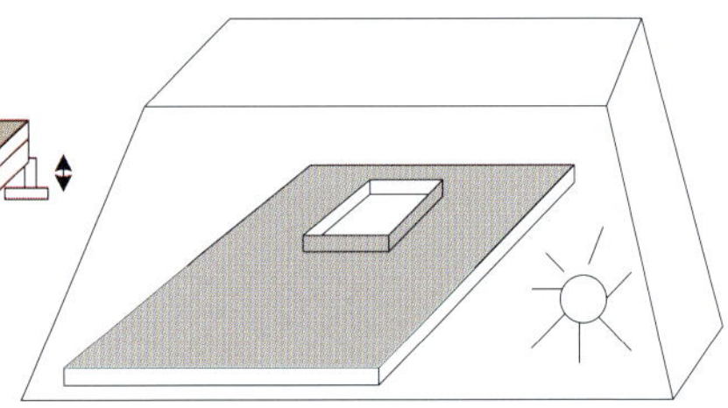

약 65℃의 온도로 증기양생

공장에서 PC부재의 이동방법

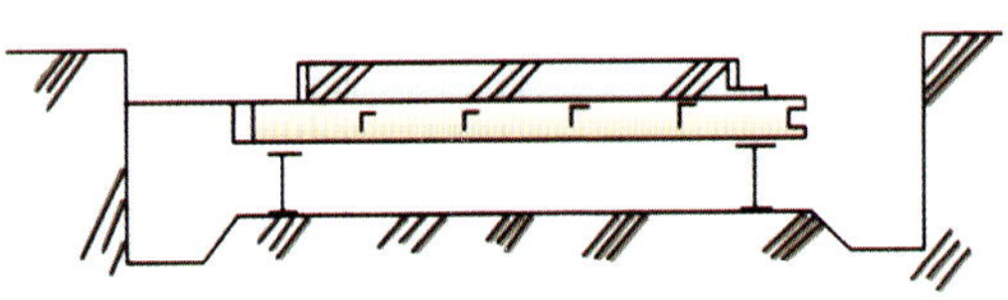

(a) 거푸집 고정식

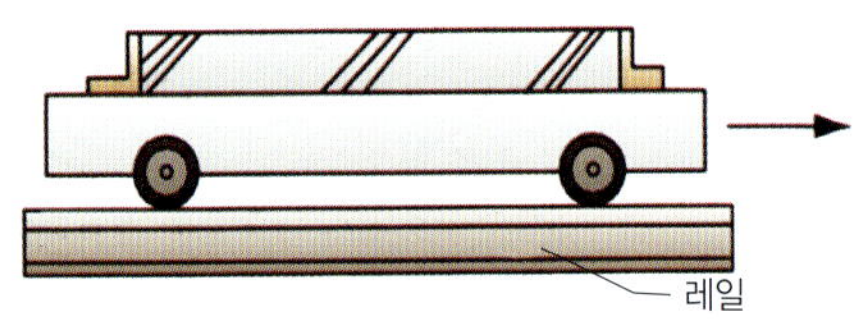

(b) 레일추형식

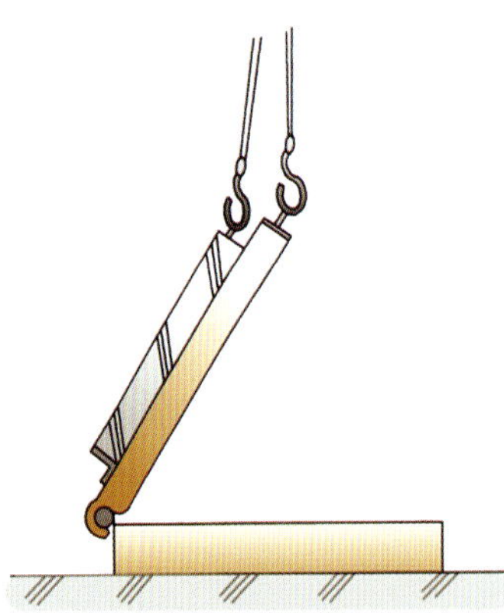

(c) 거푸집 가경식

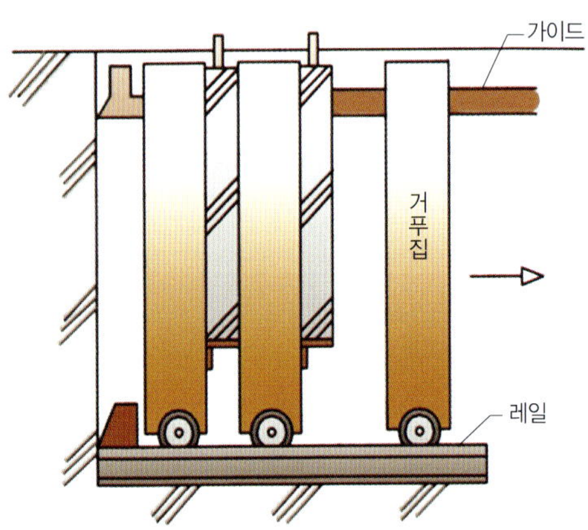

(d) 배터리 거푸집

라멘조 PC부재의 시공

기둥 부재의 반입

기둥 부재의 설치

기둥과 보의 접합

기둥과 보의 접합 후 양생

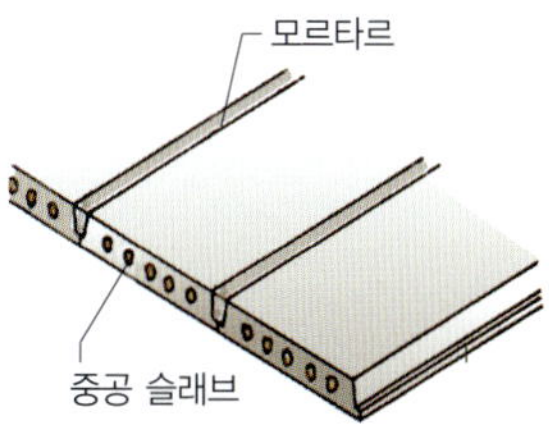

(a) 중공슬래브

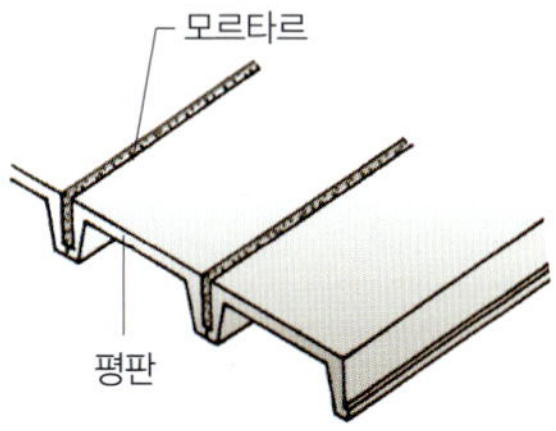

(b) 평판 슬래브

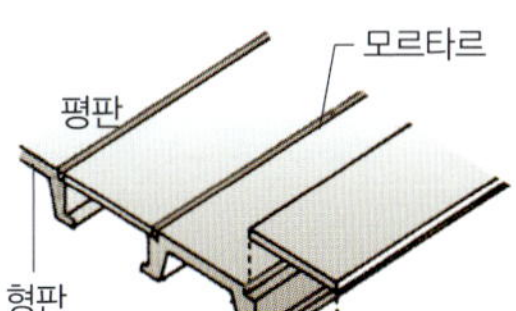

(c) 복수의 형상판의 조합

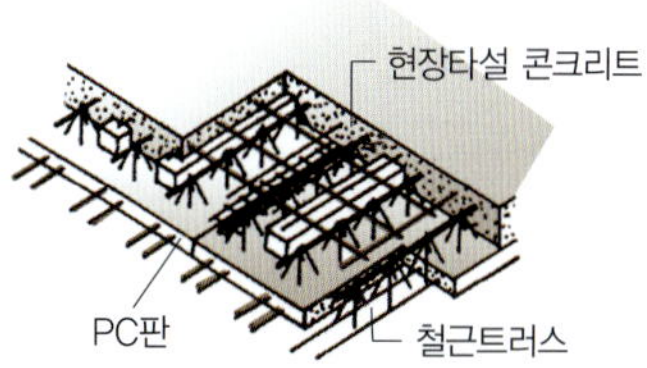

(d) 트러스형 철근의 일부분을 PC화한 (Half PC) 비탈형 거푸집

PC구조의 바닥(Slab)

프리스트레스트 콘크리트(Prestressed concrete)

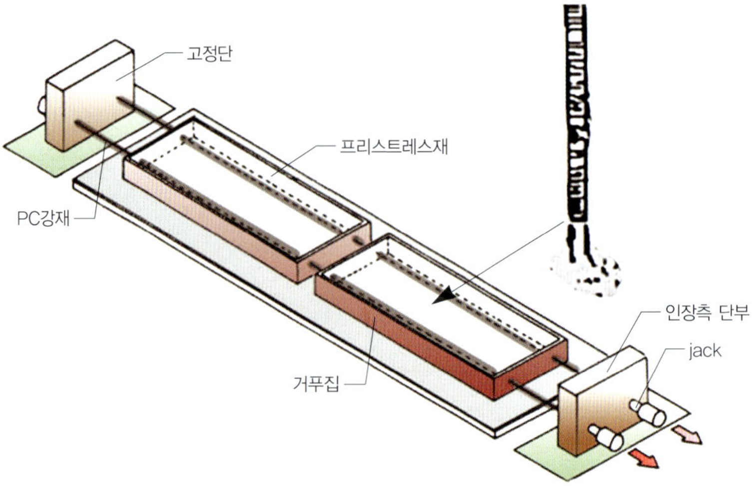

프리텐션(Pre-tension)

인장측에 인장력을 준 PC강재를 배치하여 콘크리트를 타설하며 경화후에 PC강재의 인장력을 풀면 압축응력이 가해지는 것으로 공장에서 제작된다.

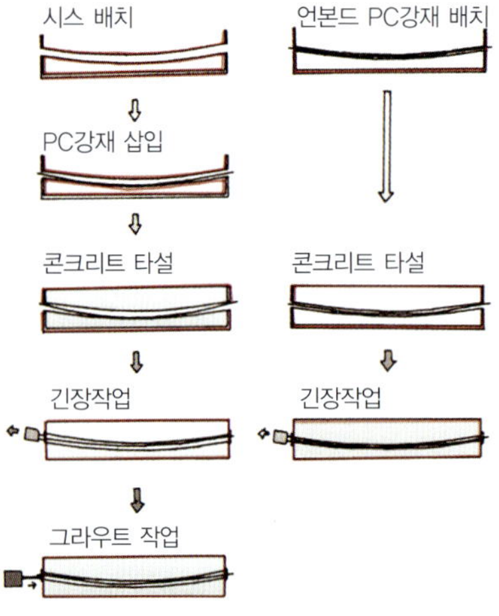

(a) 포스트텐션공법 (b) 언본드공법

언본드 PC강재 예

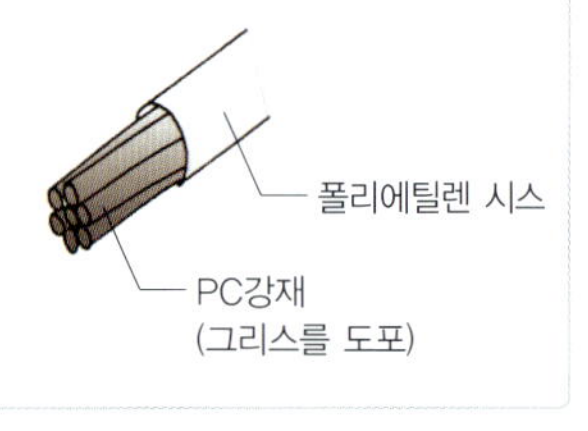

포스트텐션(Post-tension)

인장측에 집에 넣는 PC강재를 배치하여 콘크리트를 타설하고 경화후에 PC강재에 인장력을 주어 콘크리트에 압축응력을 생기게 하는 것으로 현장시공이 가능하다.

철골

철골 형강의 종류

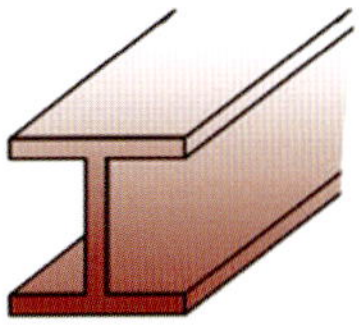

H형강

단면의 가로길이와 세로길이가 같은 것은 기둥 부재로 사용, 단면의 세로길이가 가로길이보다 긴 것은 큰 보용 부재로 사용

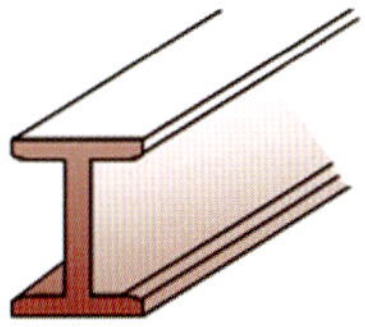

I형강

단면의 모양이 I형태이고 작은 보의 부재로 사용

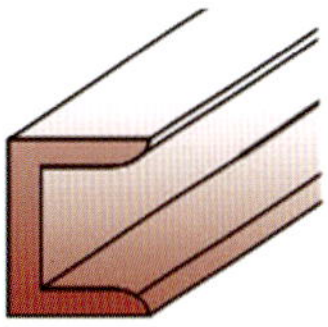

ㄷ형강

채널(channel)이라고도 하며 보조용 부재로 쓰임

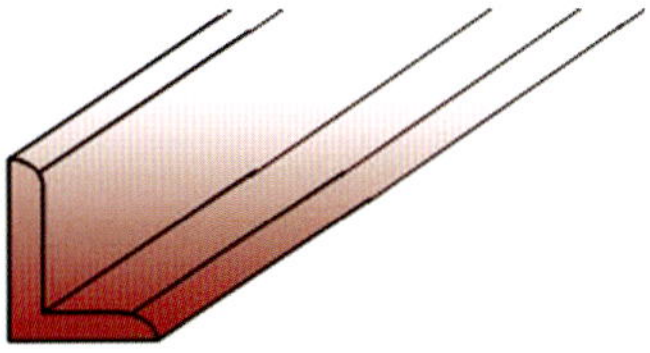

L형강

앵글형강이라고도 하며 두 변의 길이가 같은 등변 앵글과 두 변의 길이가 다른 부등변 앵글이 있음.

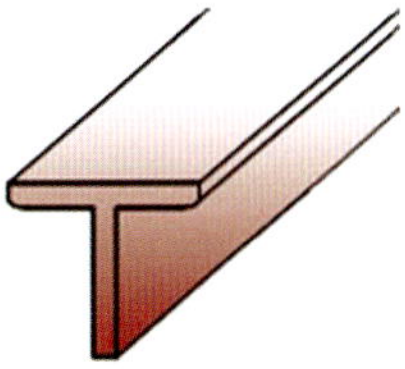

T형강

단면의 모양이 T형태이고 작은보의 부재로 사용

구조용 강재

① KSD 3503 (일반구조용 압연강재) SS 400, SS490 등

② KSD 3529 (용접구조용 내후성 열간 압연강재)

- 대기중에서 부식이 강한 강재이다.
- SMA 400 A (인장강도 400N/㎟), SMA 490 A 등

③ KSD 3515 (용접구조 압연강재)

- 용접성이 우수한 강재이다.
- SM 400 A(인장강도 400~500N/㎟), SM 490 A 등

④ KSD 3566 (일반구조용 탄소강관)

- 건축의 비계, 지주 등으로 쓰인다.
- STK 290 (인장강도 290N/㎟ 이상), STK 400 등

⑤ KSD 3530 (일반구조용 경량형강)

- 경량형강으로 쓰인다.
- SSC 400 (인장강도 400/㎟)
- 진동에 의해 너트가 풀리기 쉬우므로 2중 너트로 한다.

11 지표면공사

건축에서 지표면(G.L)을 Ground Level이라 부른다. 여기부터는 지하수, 토압의 영향을 벗어나 안정된 작업을 할 수 있다.

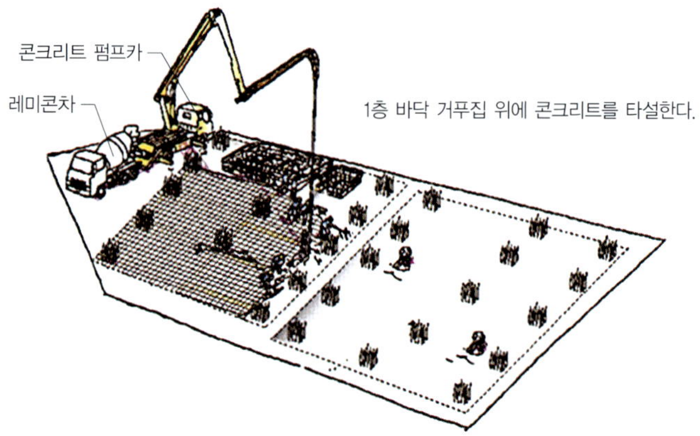

콘크리트 타설

철근 배근 및 거푸집 공사가 완료되면 콘크리트를 타설하여 철근과 콘크리트가 일체화 된 철근콘크리트 구조물을 만든다.

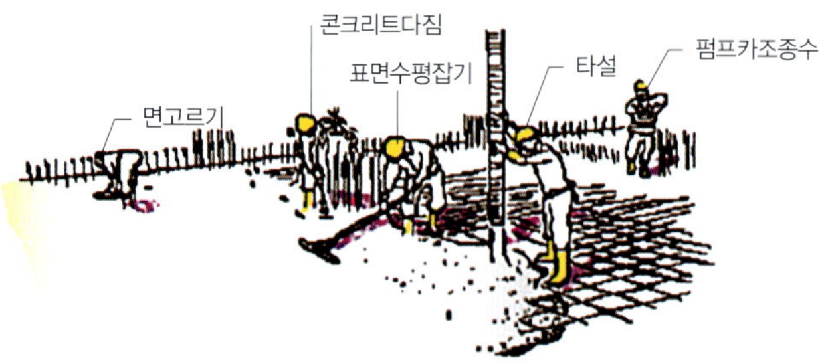

먹메김

1층 콘크리트 바닥 위에 X.Y 방향의 기준선을 그은 후 거푸집 설치 위치에 먹줄을 놓는다. 거푸집 조립시 별도의 위치에 치수를 문자로 표기한다.

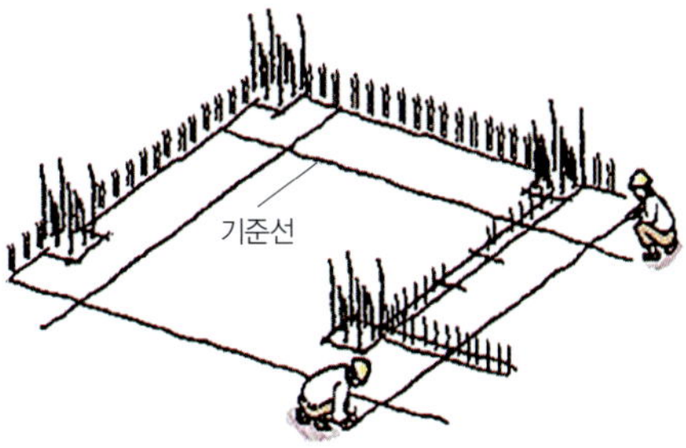

타워크레인 설치

자재의 이동, 운반 및 기타 부재의 양중을 위해서 공사전 가설장비인 타워크레인을 설치한다.

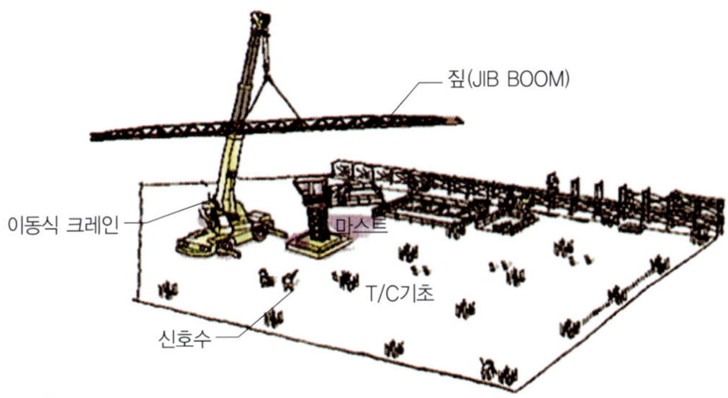

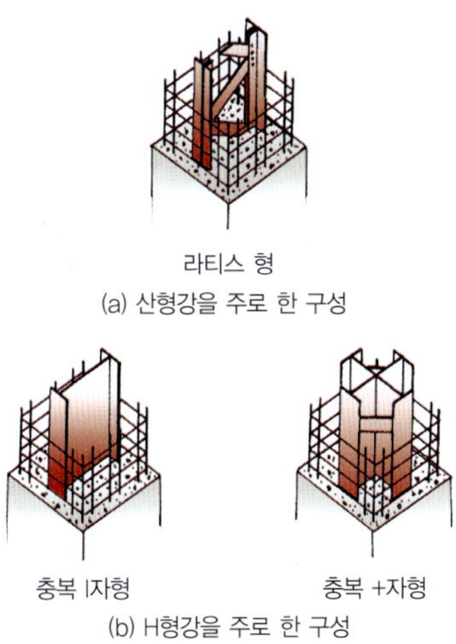

SRC구조에서 지표면에서의 기둥의 단면형상

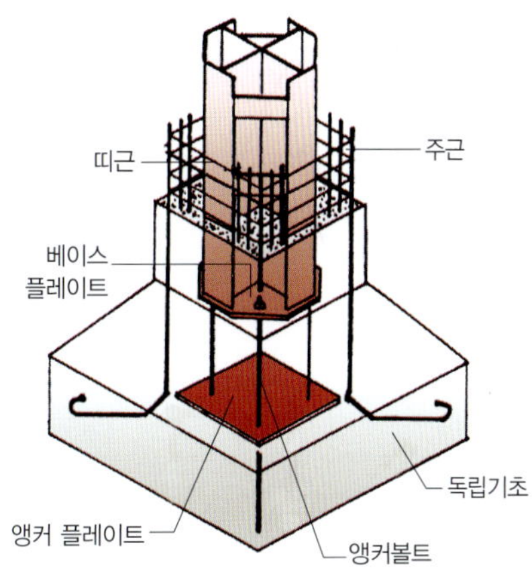

SRC 구조에서의 주각 상세

12 철근콘크리트공사

RC 구조체

건물이 한층씩 위로 올라간다. 하부층에서는 일반적인 콘크리트 소요강도가 발현되면 거푸집을 해체하고 마감공사 준비를 한다. 상부층으로 구조체 공사가 진행됨에 따라서 하부층에서는 마감공사가 순차적으로 진행되어 공정이 가장 복잡하고 현장에서 근로자들이 가장 많이 투입되는 시기이다.

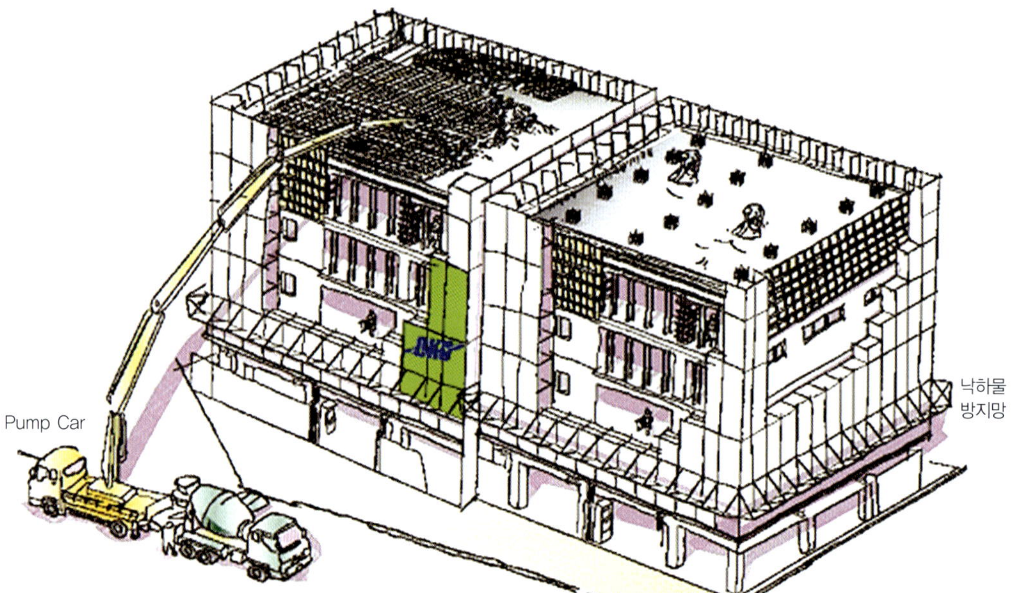

콘크리트 타설

SRC조 1층 부분 시공순서

••• 거푸집 설치

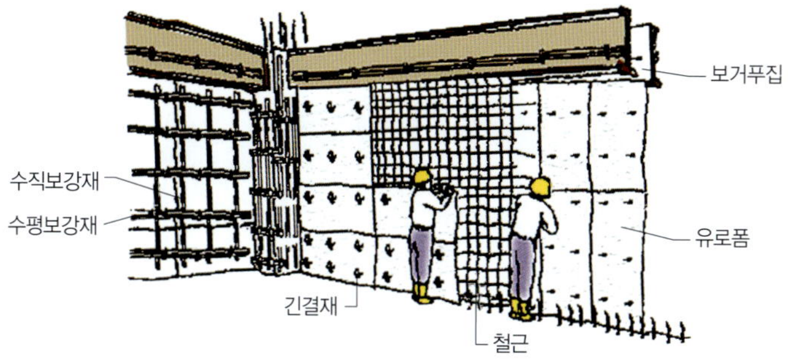

철근 배근 및 거푸집 설치

••• 기둥철근 배근

수직철근 배근 전 철근에 붙은 이물질 혹은 바닥면 이물질을 깨끗이 청소한 후 수직철근을 배근한다.

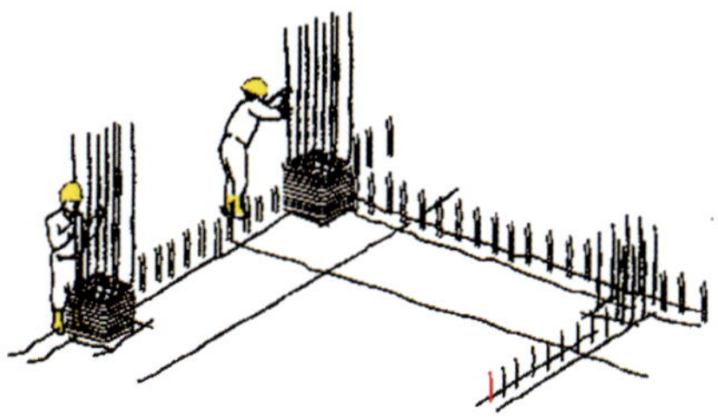

••• 기둥거푸집 시공

기둥철근 배근이 완료되면 기둥 거푸집을 시공한다. 이때 수직도에 신경을 써야 하며 뒤틀림이 없어야 한다.

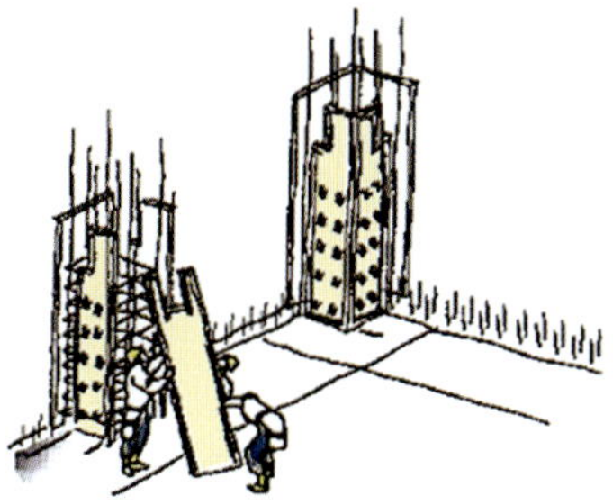

보거푸집 시공

기둥거푸집을 세우고 나면 동바리 지지대를 이용해 수직,수평을 고려하여 보거푸집을 시공한다.

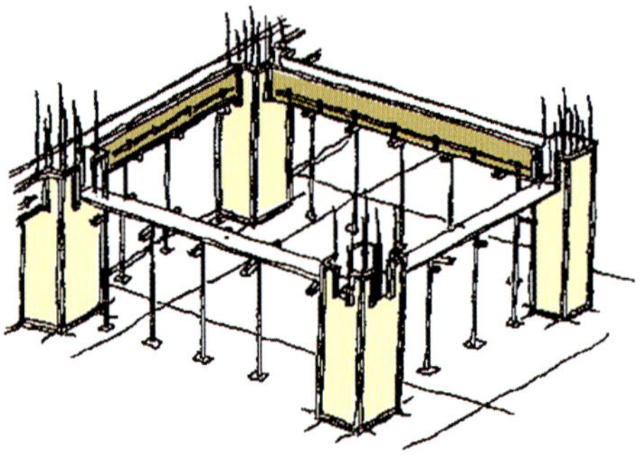

슬래브거푸집 시공

보거푸집 시공을 완료하면 슬래브거푸집을 시공하는데 뒤틀림 또는 틀어짐이 없이 주의하여 시공한다.

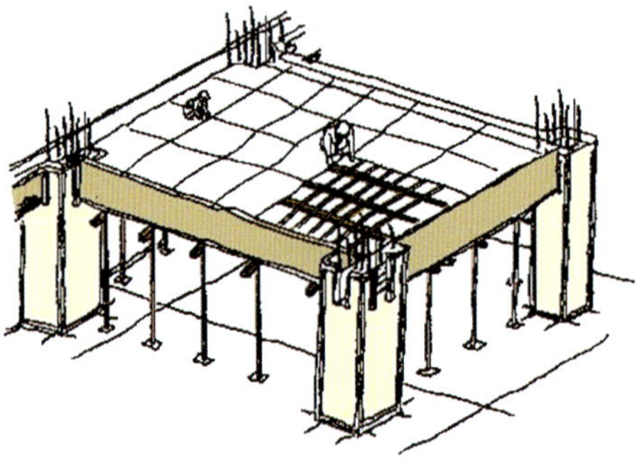

보 및 슬래브 철근 배근

슬래브거푸집 시공까지 완료하면 도면에 명시된 대로 보 및 슬래브 철근을 배근한다.

타설

콘크리트펌프에 의한 압송은 콘크리트의 타설량, 슬럼프값의 크기를 기준으로 하고, 수송범위를 검토하여 압송거리로부터 펌프의 기종을 선정한 후 준비가 완료되면 콘크리트를 타설하고 충분한 양생을 해주어야 한다.

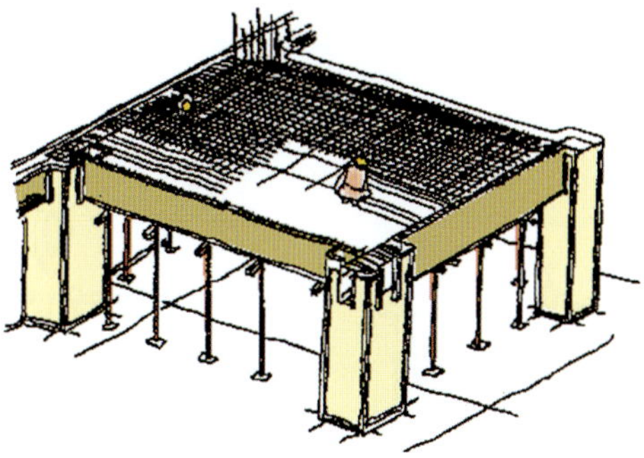

철근

철근의 간격 및 피복두께 : 철근간격은 주근 지름의 1.5d, 2.5cm, 최대자갈지름의 1.25배 이상

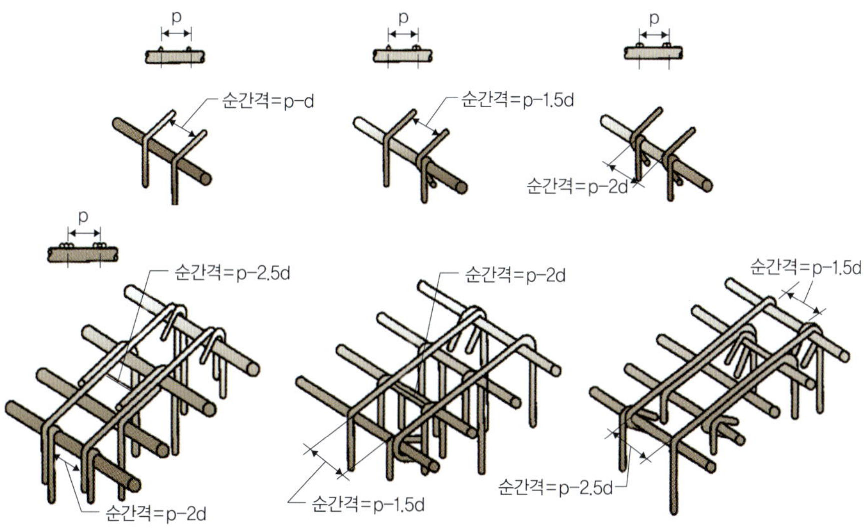

이음의 종류

압접 기계식이음(커플러) 겹침이음 가스압접

가스압접

상, 하 철근 양단부를 가스버너로 가열, 가압하여 접합한다.

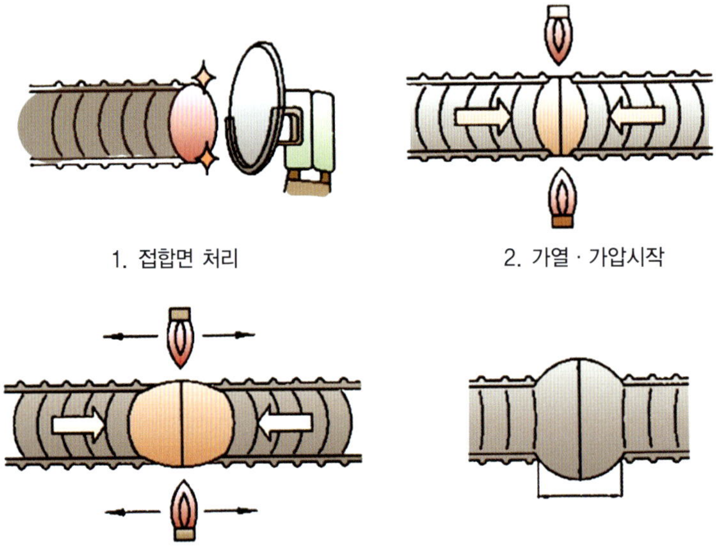

1. 접합면 처리 2. 가열 · 가압시작

3. 접합중(가열,가압) 4. 접합완료

- 산소와 아세틸렌염으로 접합(25mm 이상의 철근 연결시 사용).
- 압접 소용시간은 1개소에 3~4분 소요.
- 철근의 지름이나 종류(이형철근)가 동일한 것을 압접
- 약 1200℃로 가압 가열하여 압점부분의 최소지름은 철근 지름의 1.2~1.4배.
- 압점부분의 강도가 모재의 인장강도 이상이면 합격.

기계식 이음

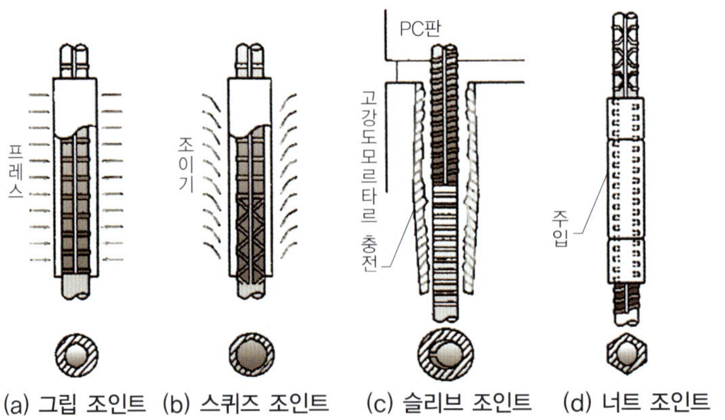

(a) 그립 조인트 (b) 스퀴즈 조인트 (c) 슬리브 조인트 (d) 너트 조인트

최근 개발된 각종 특수기구 이음법

- 그립 조인트 : 특수 유압잭으로 프레스를 가함, 슬리브의 경우 살이 두꺼운 강관 사용.
- 스퀴즈 조인트 : 특수 유압잭으로 슬리브를 비틂, 슬리브의 경우 살이 두꺼운 강판.
- 슬립 조인트 : 내부에 고강도 모르타르 충전.
- 나사형 조인트 : 철근을 나사식 커플러로 이음할 내부에 에폭시 주입.

용 접

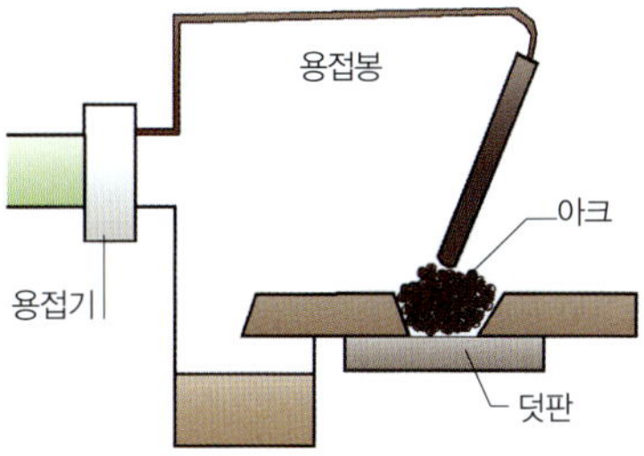

아크 용접법

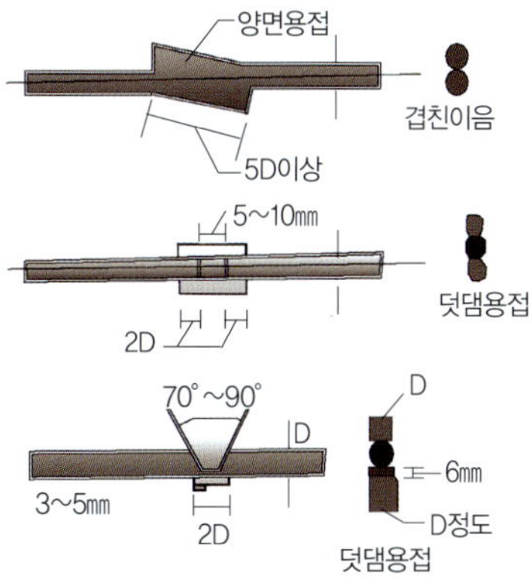

아크 용접이음

아크 용접

모재와 용접봉 사이에 전류를 흘려 아크를 발생(방전)시켜 이 열로 모재, 용접봉 끝을 녹여 모재와 간극에 채워져 용접한다.

철근선조립 공법

철근을 기둥, 보, 바닥, 벽 등의 부위별로 미리 절단, 가공, 조립 후 현장에서 연결 조립하는 공법이다. 운반, 양중, 접합 등의 사전 작업에 의한 경제성 문제가 있어 양산화가 필수이며, 현장타설 콘크리트의 시공을 합리화하기 위해 동시에 거푸집의 시스템화가 필요하다.

기둥부재 철근선조립

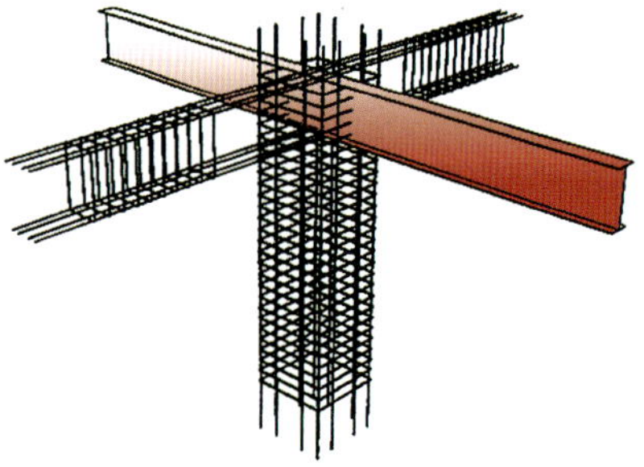

기둥 철근선조립(hybrid frame 구법)

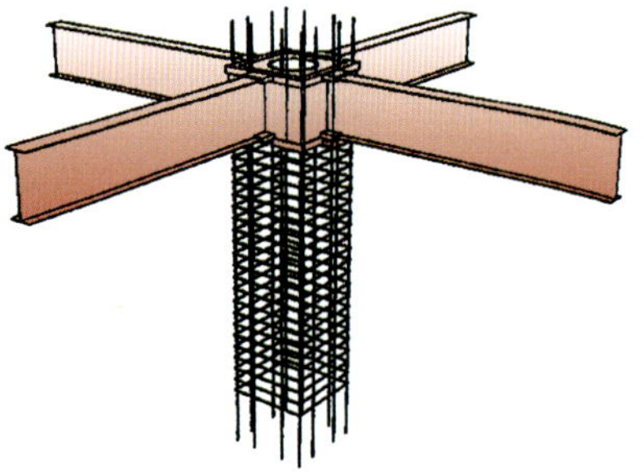

기둥 철근선조립(충전식, hybrid frame 구법)

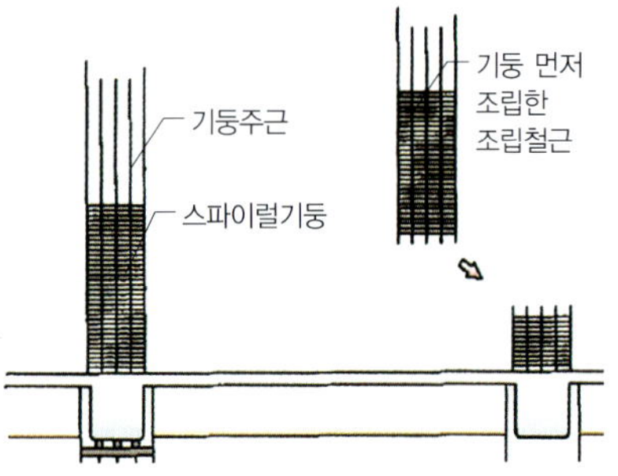

기둥부재 철근선조립 설치 시공도

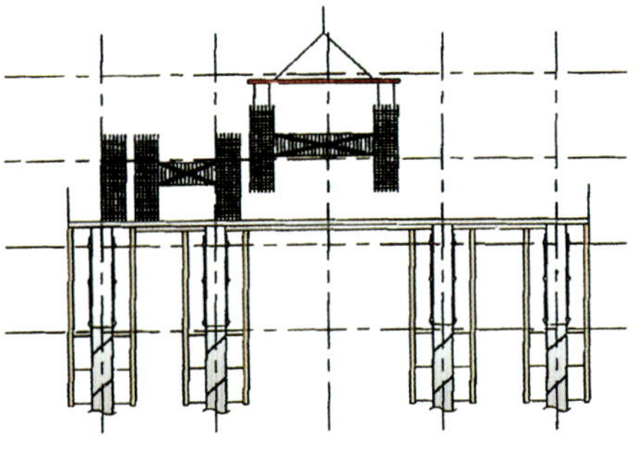

기둥부재 유닛 철근선조립 설치 시공도

보부재 철근선조립

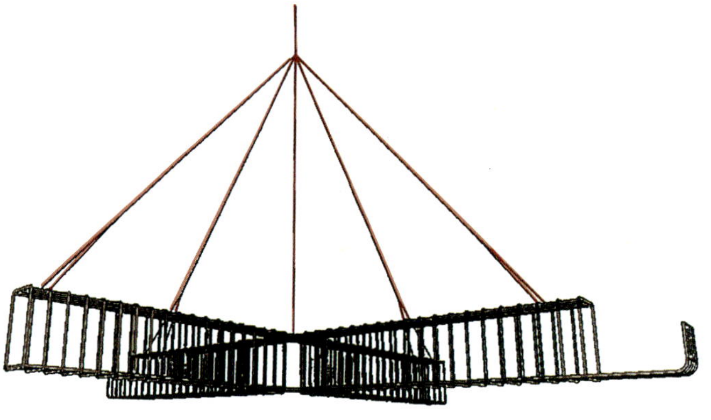

보철근선조립 부재양중

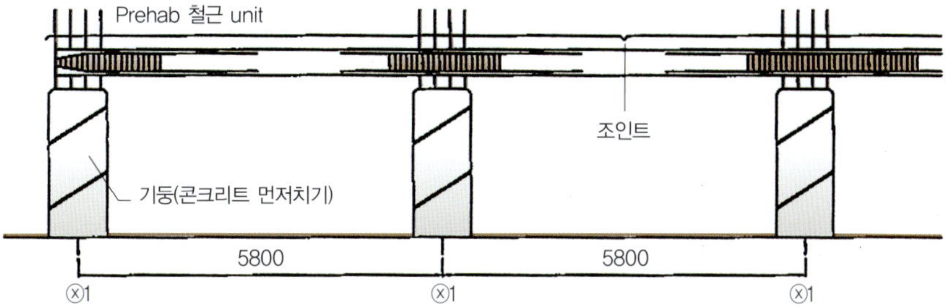

보부재 철근선조립 설치 시공도

벽체 철근선조립

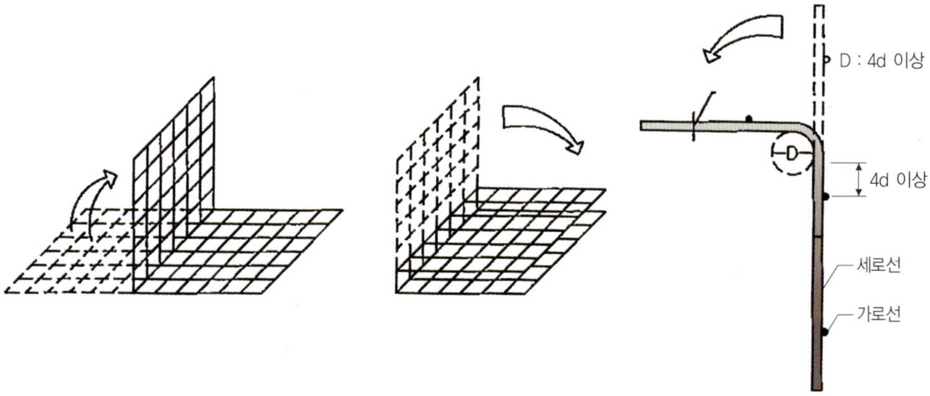

벽체 철근선조립 가공도

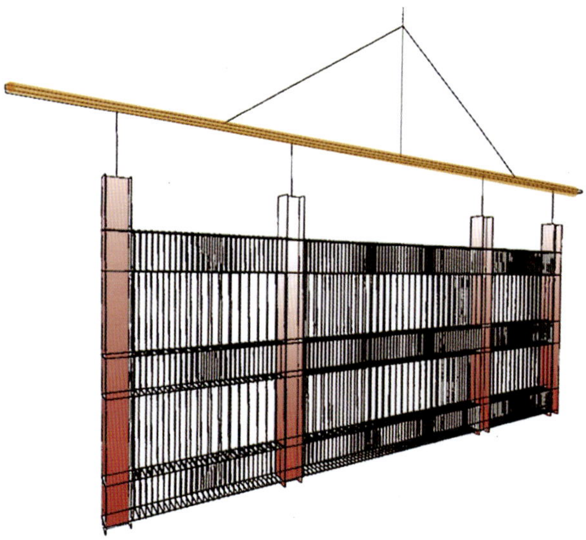

벽체 철근선조립 양중도

거푸집

거푸집은 콘크리트 부재의 표면을 자유자재로 만들어주고, 부재의 형상을 경화될 때까지 유지시켜 주는 가설재료이다.

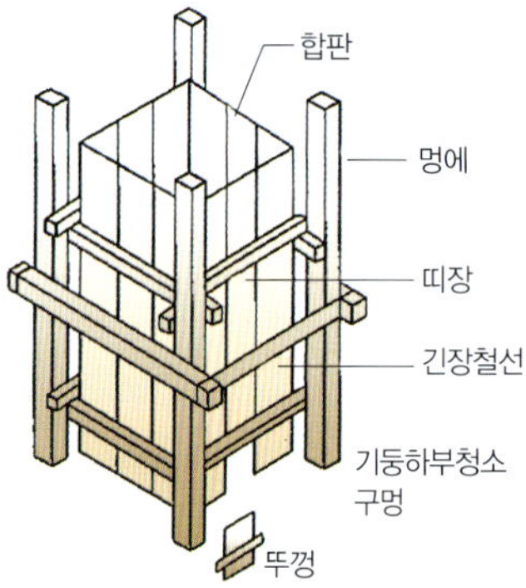

목재거푸집

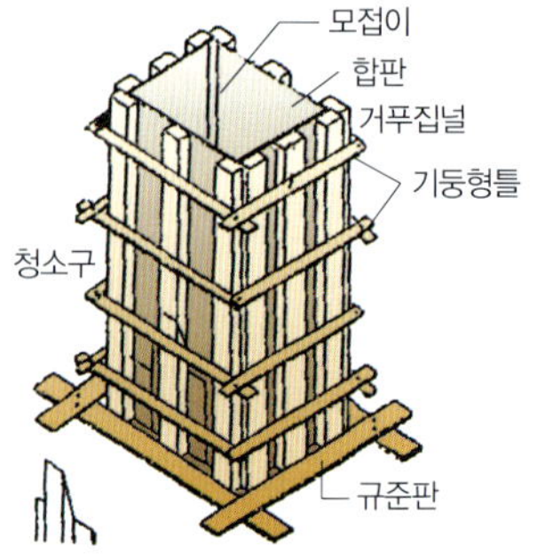

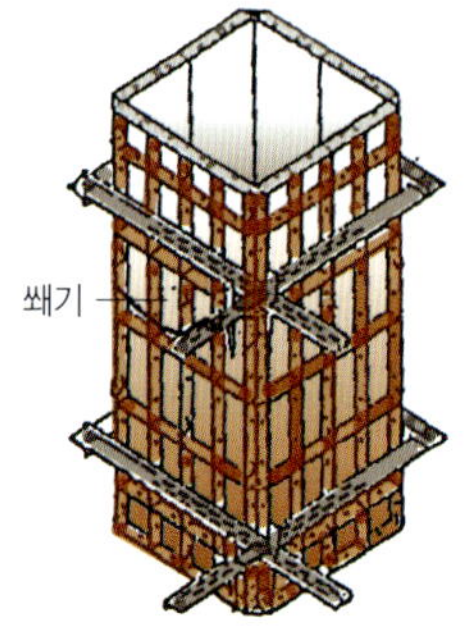

독립 목재거푸집 및 메탈 목재거푸집

플라잉 폼(flying form)

바닥에 콘크리트를 타설하기 위한 거푸집으로서 거푸집판, 장선, 멍에, 서포트 등을 일체로 제작하여 부재화한 거푸집으로 일명 테이블 폼(table form)이라고도 한다.

플라잉 폼은 현재 사용하고 있는 일반 합판 거푸집과 강관지주 등으로도 충분히 조립사용이 가능한데 제품들이 부품화, 규격화되어 있고 구입 및 사용이 용이하게 되어 있다. 구성부분은 크게 거푸집판과 보강재가 일체로 된 거푸집판, 지주 및 해체와 이동을 위한 보조장비로 나눌 수 있다.

플라잉폼 개요도

플라잉폼 설치 사진

하프 PC바닥판

얇은 PC 바닥판을 설치하고 그 상부에 적절히 철근을 배근한 후, 현장에서 콘크리트를 타설함으로써 일체성이 확보되도록 하는 합성 슬래브의 일종이다.

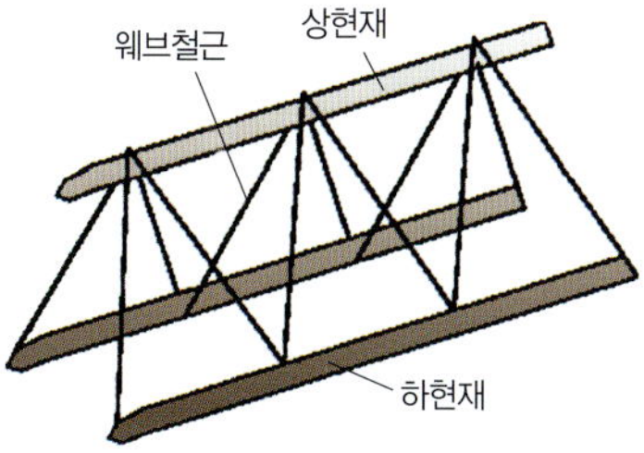

카이저공법

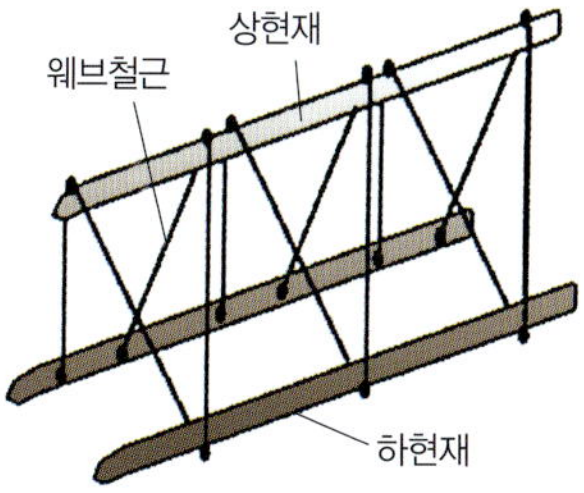

옴니어공법

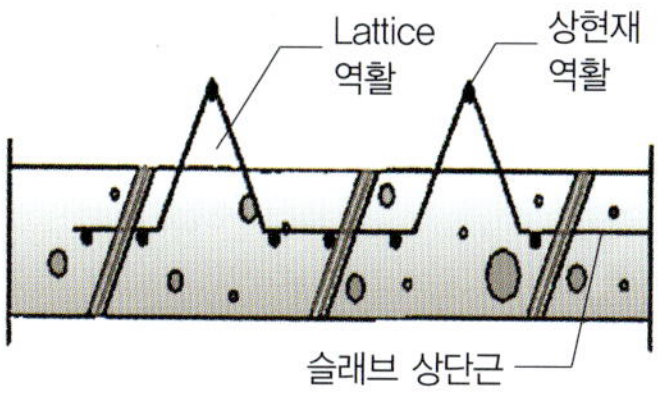

단면현상

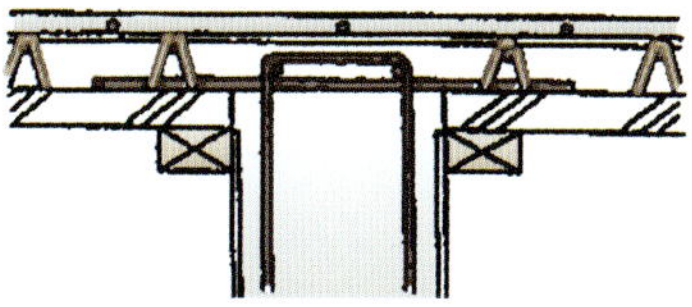
철근콘크리트보

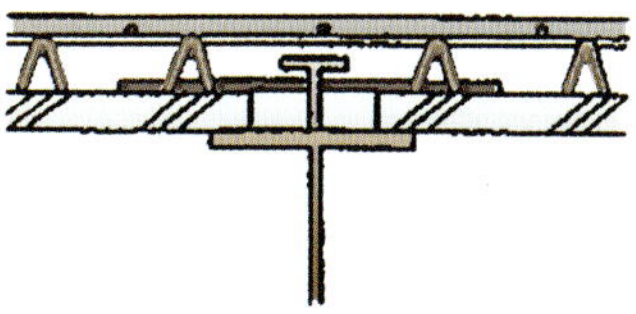

하프 PC 바닥판의 종류

비탈형 영구거푸집

철근 콘크리트 자동화, 합리화 공법 개발의 핵심이 되는 '비탈형 영구 거푸집의 시공은 90%이상을 기계화 시공한다. 따라서 기둥 및 보의 철근은 미리 선조립 철근을 이용하여 현장에서 설치만 한다. 비탈형 영구 거푸집은 기존의 재래식 철근콘크리트공법과는 매우 다르다. 시공시 현장에서 작업하는 작업자의 인력절감과 공사기간 및 공사안전과 품질관리면에서 장점을 가진 신기술이다.

비탈형 영구 거푸집(보)

비탈형 영구 거푸집(기둥)

주철근 조립

기둥거푸집 설치

콘크리트 타설

보거푸집 설치

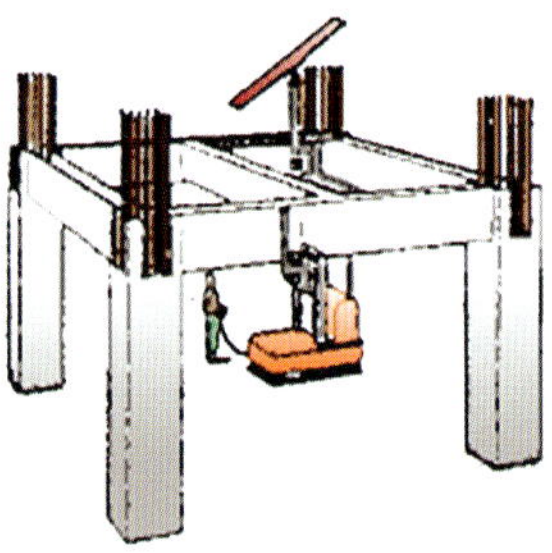

하프 슬래브 준비작업

하프 슬래브 설치

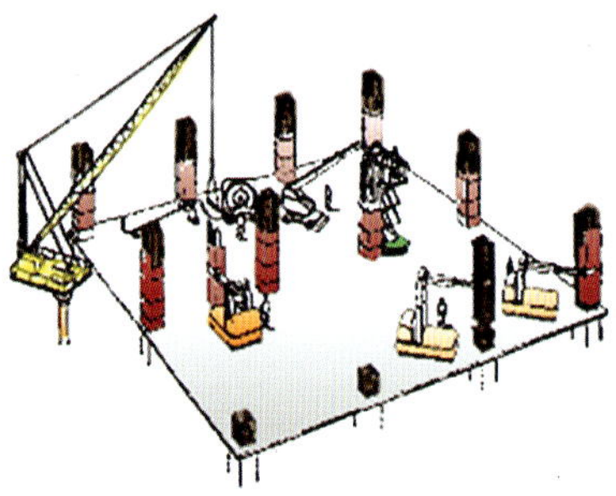

수직부재 시공

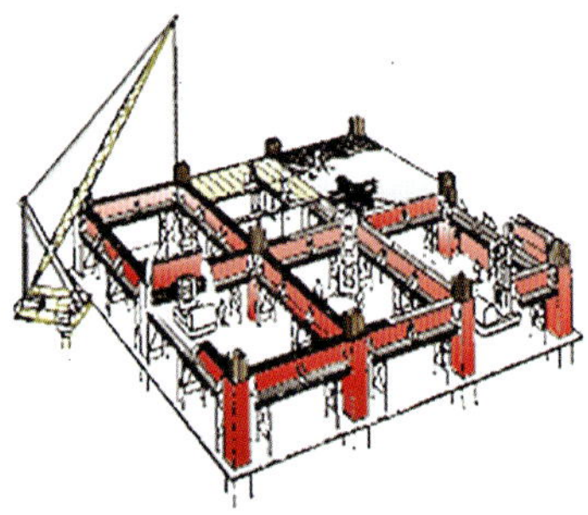

수평부재 시공

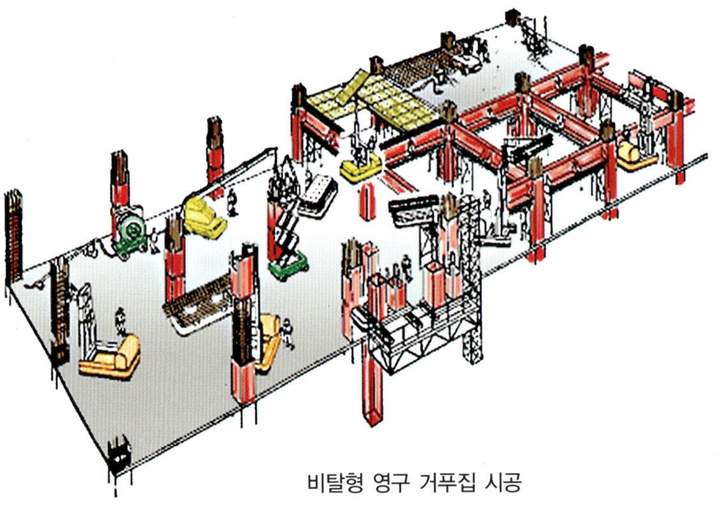

비탈형 영구 거푸집 시공

레디믹스트 콘크리트

정비된 콘크리트 제조설비를 가진 공장으로부터 수시로 구입할 수 있는 굳지 않은 콘크리트전문제조 공장에서 비벼오는 것이므로 품질이 균질하고 우수하여 콘크리트 제조작업이 확실하므로 공사추진을 정확히 할 수 있다.

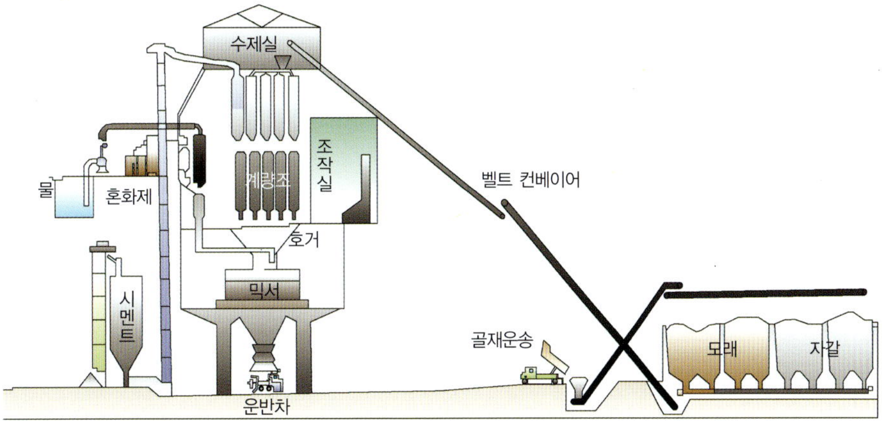

압송장비

- 펌프카 : 트럭과 압송장비 일체식으로 50m까지 가능하여 일반적으로 10층 이하에 적용.
- 포터블펌프 : 펌프카 타설이 어려운 10층 이상의 고층건물에 적용하며 고압 압송장비는 수직상승 500m까지 타설.

콘크리트 타설 시 주의사항

- 거푸집 및 철근의 변형을 작게 하며 부어넣는 간격을 좁게 하여 콘크리트가 옆으로 흘러들어 분리가 되지않도록 함.
- 아래 그림의 경우 부어넣는 구멍이 적어 흘러내리기 때문에 분리하기 쉬움.

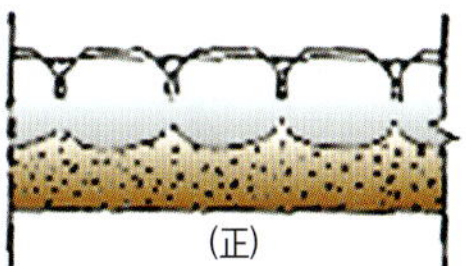

(正)

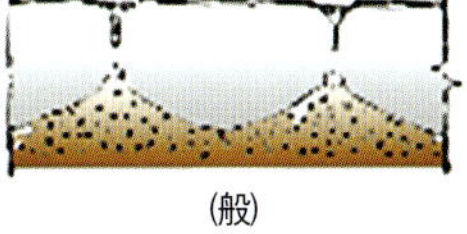

(般)

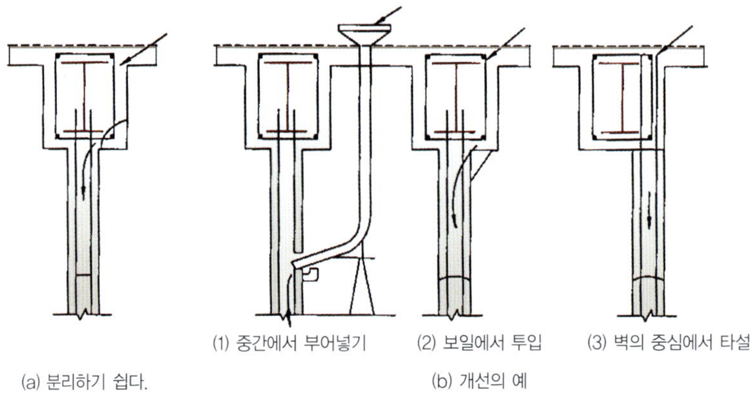

철골철근콘크리트조에 있어서 층고가 높은 벽의 타설

다짐

- 콘크리트를 다져서 진동충격을 주면 콘크리트는 액체처럼 되고 입도에 따라 유동되어 콘크리트의 밀도가 증가하여 치밀화 됨.
- 공칭봉 직경 45mm 봉형진동기 1대당 10~15㎥/h를 목표로 함.

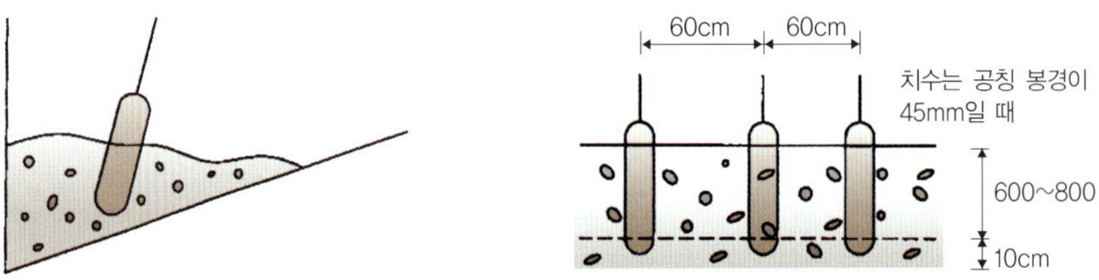

a) 측면에서는 하부로부터 시작한다. 위층에 타설한 콘크리트의 무게도 다져지며, 진동으로 다짐을 철저히 한다.

b) 진동기는 수직으로 삽입하고 전층의 콘크리트에 약 10㎝ 삽입될 정도로 한다. 삽입 간격은 일정하게 하여 철저히 다진다.

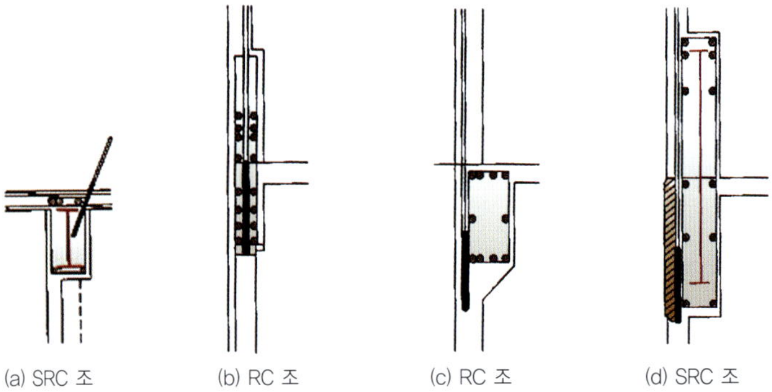

보에 있어서의 진동기 삽입방법의 예

거푸집 측압

부어넣는 순간 콘크리트를 액상으로 생각하고, 어느 깊이에서의 측압을 콘크리트 윗면에서의 거리와 단위용적 중량의 곱으로 표시하며, 굳지않은 상태에서의 거푸집에 작용하는 하중이다.

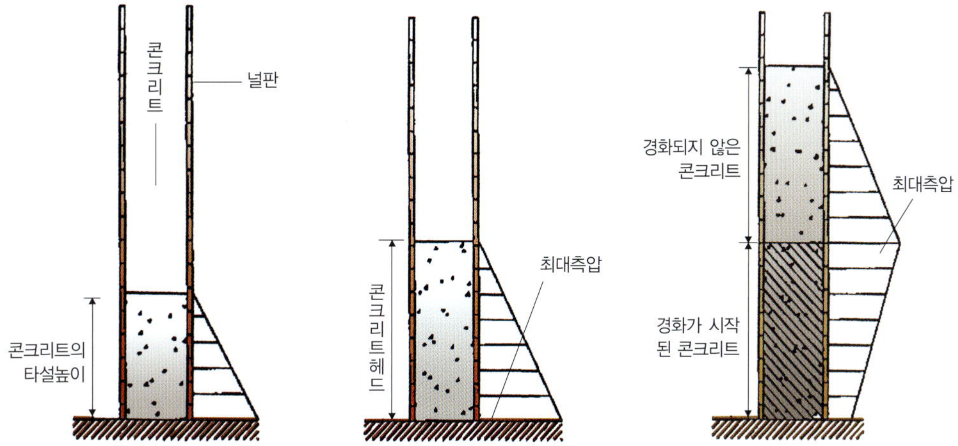

(a) 콘크리트 타설 개시 (b) 콘크리트 헤드의 도달 (c) 콘크리트 헤드를 초과

거푸집 측압계산

부어넣기 속도		10m/h 이상~20m/h 이하	20m/h 이상
높이		2m 이상~4m 이하	4m 이하
기둥		2Wo+0.8Wo×(H−2)	
벽길이	3m 미만	2Wo+0.4Wo×(H−2)	W/o H
	3m 이상	2Wo+2Wo×(H−2)	

Wo : 굳지않은 콘크리트의 단위용적중량
H : 굳지않은 콘크리트의 헤드높이

예제 콘크리트 부어넣기 속도 14m/h 이고, 높이 2.5m인 무근콘크리트 기둥의 측압은 얼마인가? (무근콘크리트 비중 2.3t/m³)

- 부어놓기 속도 14m/h
- 높이 2.5m
- 무근콘크리트 중량 2.3t/m³
- 측압계산 2Wo+0.8Wo×(H−2)

➲ 2×2.3+0.8×2.3×(2.5−2) = 5.52 t/m² ∴ 5.52 t/m²

거푸집 존치기간

- 바닥 슬래브 밑, 지붕슬래브 밑, 보 밑의 존치기간은 원칙적으로 받침기둥을 해체한 후 제거 설계기준강도 100%가 얻어져야만 거푸집해체 가능.
- 기온이 0℃ 이하에서는 존치기간에 산입되지 않음.
- 콘크리트 경화 중에 최저기온이 5℃ 이하일 때는 1일을 0.5일로 환산하여 존치기간 연장.

동바리

- 바닥거푸집에서 거푸집의 자중과 콘크리트의 중량, 작업하중을 지지하여 바닥구조물이 안전하고 정확하게 시공되도록 하는 받침기둥이다.

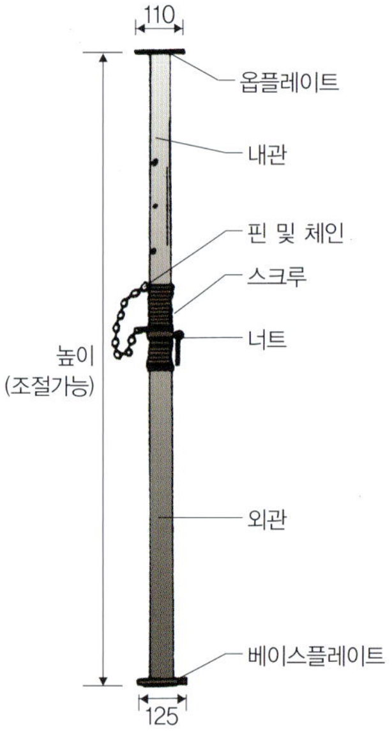

동바리의 개요도

동바리 설치 사진

콘크리트공사 결함

허니콤 : 통상 곰보라고 한다. 콘크리트가 분리를 일으켜 자갈만이 굳어 모래부분이 없는 상태로서 방지하기 위해서는 콘크리트의 타설속도를 분리가 일어나지 않도록 천천히 타설한다.

콜드조인트

타설한 콘크리트가 응결하기 시작한 이후에 새 콘크리트의 타설면에 연결불량 부분이 발생하는 것으로 타설간격이 길어질 때 일어나는 현상으로 연속적으로 타설되어야 한다.

13 철골공사

현장상황과 공사계획

철골공사에 대해서는 현장시공의 입장에서 다음을 검토해야 한다.

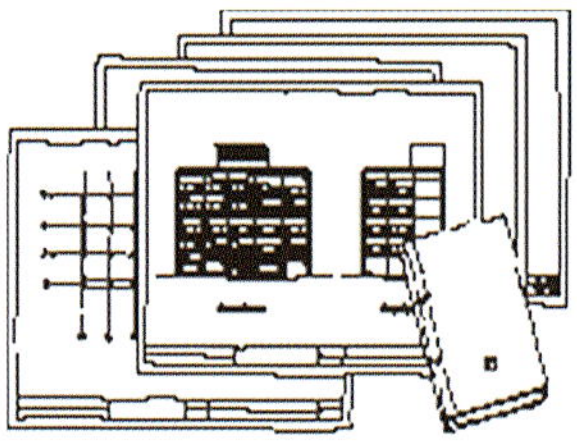

① 설계도서 검토

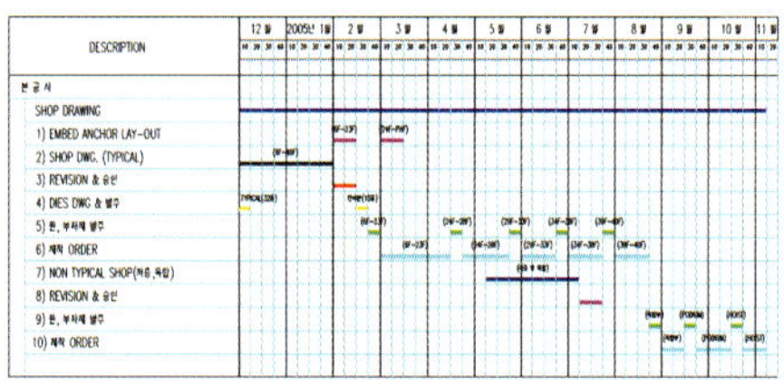

② 공정표 작성

재료의 공장가공

강재의 종류와 확인

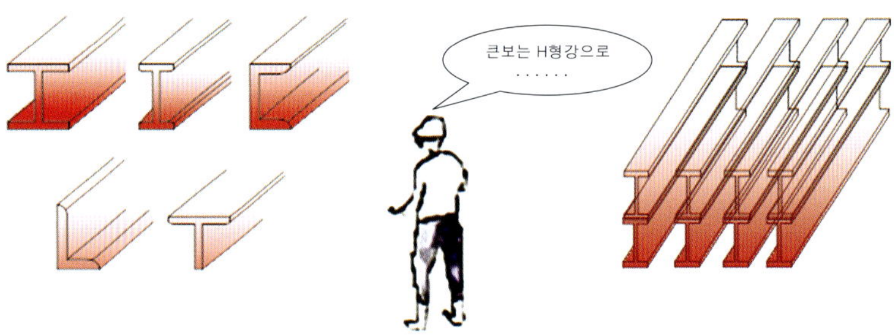

밀시트(강재 규격증명서)와 제조회사의 확인

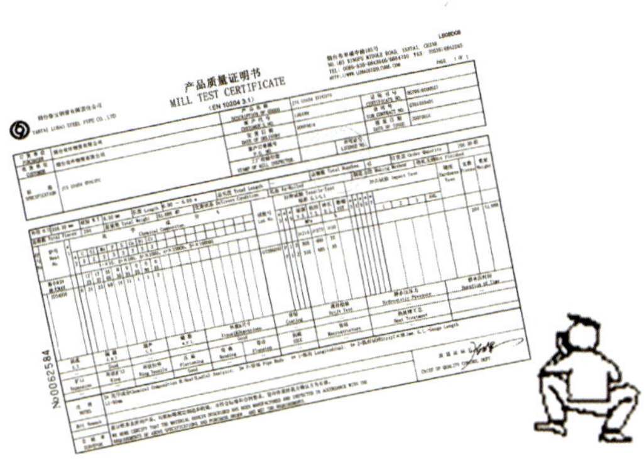

밀시트(mill-sheet)

철강 및 제철공장에서 원자재를 주문자에게 공급할 때 보내지는 자재의 송장과 같은 것으로서 자재의 규격(두께, 폭, 길이 등), 중량, 품질 등을 기록한 서류.

공장가공의 순서

① 공작도 작업

부재의 가공에 앞서, 우선 공작도를 작성한다. 공작도 작성시 검토내용은 아래와 같다.

공작도 작성 회의

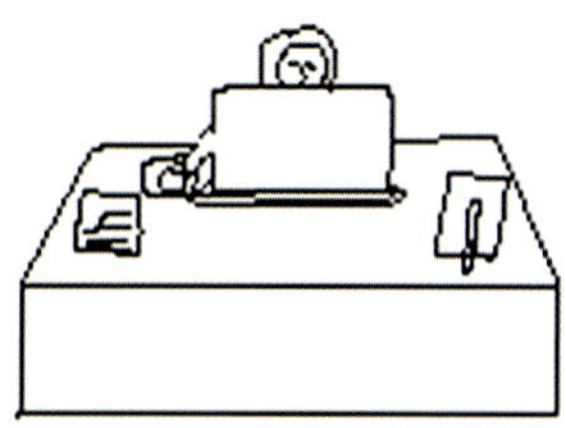

CAD를 이용한 원척도 작성

② 현치도

현치도 검사는 철골제작공장의 작업장에 보, 기둥 등의 주요부재의 도면을 원척(1/1)으로 그리고 각부의 자세한 매듭, 볼트의 간격, 그 수량 등 일반의 설계도서로서는 체크할 수 없는 점을 검토함과 동시에 실제로 그 철골의 제작을 행할 때의 형 뜨기, 구멍뚫기 등에 사용하는 형판 등을 작성하기 위해 행해진다.

③ 용접자격

공장가공에서의 강재의 접합에는 주로 용접접합이 사용된다. 용접접합은 엄격한 시공관리가 필요하며 용접공에는 자격이 필요하다.

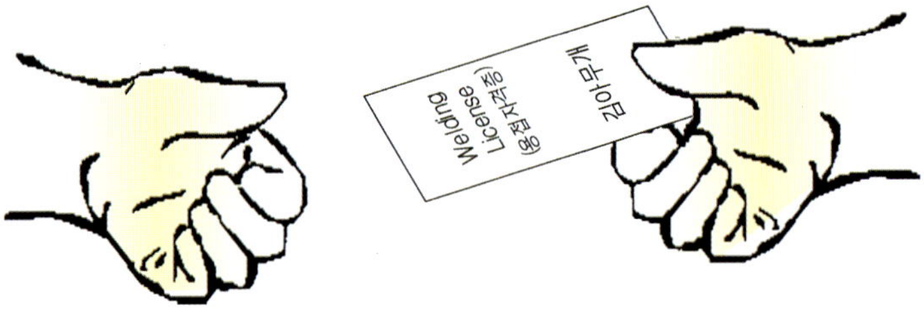

④ 가공작업

a) 본뜨기

b) 가공 (금긋기, 절단)

c) 조립

d) 변형바로잡기

⑤ 제품검사

비파괴검사에는 초음파탐상시험, 침투탐상시험, X선탐상시험 등이 있지만 건축의 경우에는 초음파탐상시험이 많이 사용된다.

철골제작공장 사내검사 → 사내검사지적사항 시정 → 철골제작공장 검사결과보고 → 설계자, 원도급자 제품검사 → 승인

초음파탐상시험

침투탐상시험

⑥ 마크 넣음, 도장, 발송

철골조립공사

철골조립공사 기본사항

철골공사 작업에는 공장에서의 가공작업과 건설현장에서의 세우기작업으로 대별되며, 여기서는 건설현장에서 이루어지는 세우기작업에 대하여 기술한다. 먼저 공장에서 제작된 부재를 현장으로 반입할 때 주의해야 할 사항은 다음과 같다.

① 부재반입의 순서 확인

② 반입의 부재수(피-스수) 확인

③ 반입시간의 확인

철골조립 준비작업

① 현장시공도의 작성

a) 주심, 벽심과 철골의 주심과의 관계

b) 철골과 앵커볼트와의 관계(SRC조의 경우)

c) 기초와 앵커볼트와의 관계

d) 각부분 부재의 중량

② 심먹매김

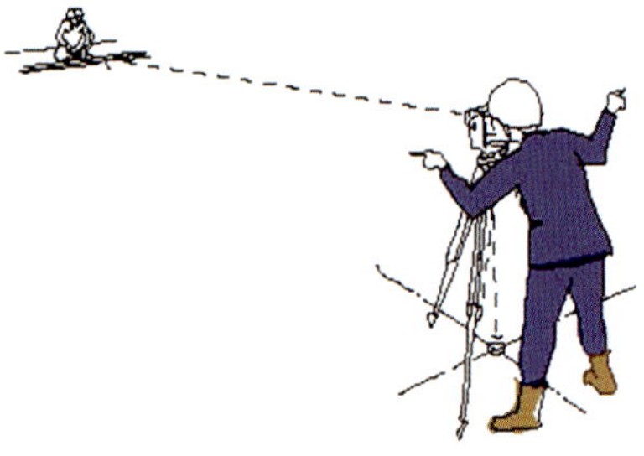

③ 주각고정 및 앵커볼트 설치

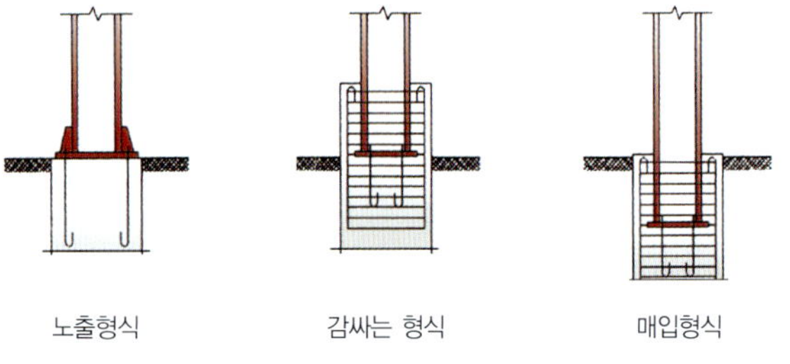

주각의 고정방법

④ 앵커볼트 체크

앵커볼트 매입방법

- 고정매입공법
  - –구조내력을 부담하는 구조적으로 중요한(부재) 공사임.
  - –형틀에 앵커볼트를 매입한 후에 상 · 하부분을 너트로 조이고 철근 등으로 Level 고정함.

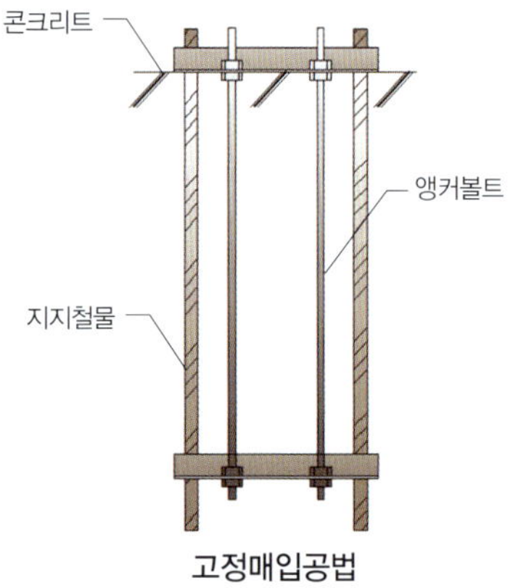

고정매입공법

• 가동매입공법

– 앵커볼트 위치가 콘크리트 타설 후에 조정할 수 있도록 볼트 상부에 얇은 철판통을 넣거나, 스티로폼 등으로 보호된 방법임.

– 볼트 직경이 25㎜ 이상인 경우에는 사용조정이 곤란함.

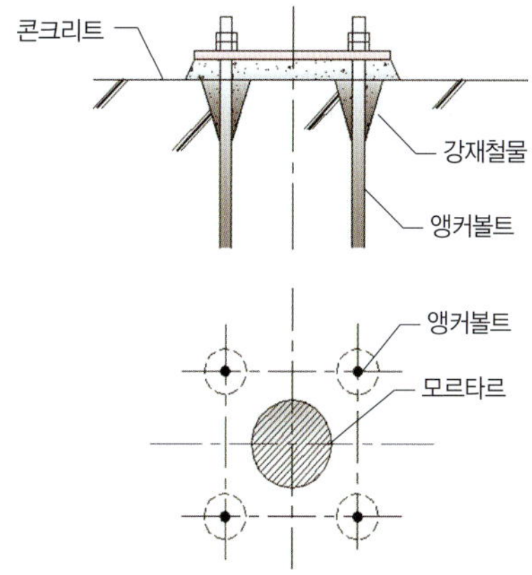

가동매입공법

• 나중매입공법

– 콘크리트속에 앵커볼트를 매설할 자리를 미리 내두었다가 나중에 앵커볼트를 묻고 Grouting하여 고정함.

– 경미한 공사에 사용함.

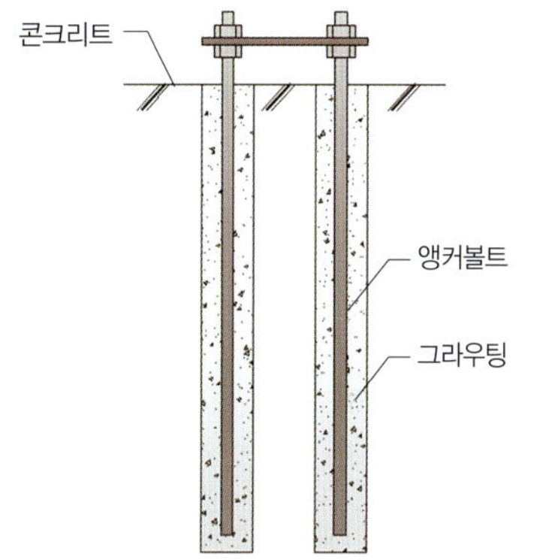

나중매입공법

• 앵커볼트의 정밀도

– 중심선과 앵커볼트 위치의 어긋남.

관리허용치 ±3 ~±5㎜ 미만
한계허용치 ±5 ~±8㎜

⑤ 베이스플레이트

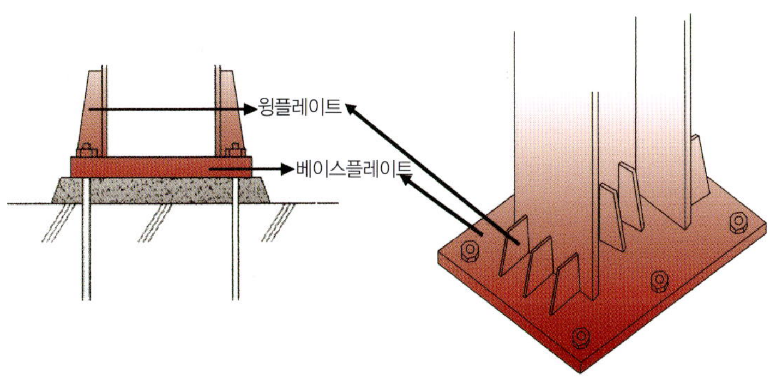

베이스플레이트가 설치되는 콘크리트 상부 마무리방법에는 전면바름마무리법, 나중부분 채워넣기법, 나중채워넣기법이 있다.

• 전면바름 마무리법

베이스플레이트보다 3cm 이상의 높이로 된비빔모르타르를 깔고 수평본 후에 쇠흙손으로 마무리하는 방법이다. 시공이 간편하고 경미한 구조물에 사용한다.

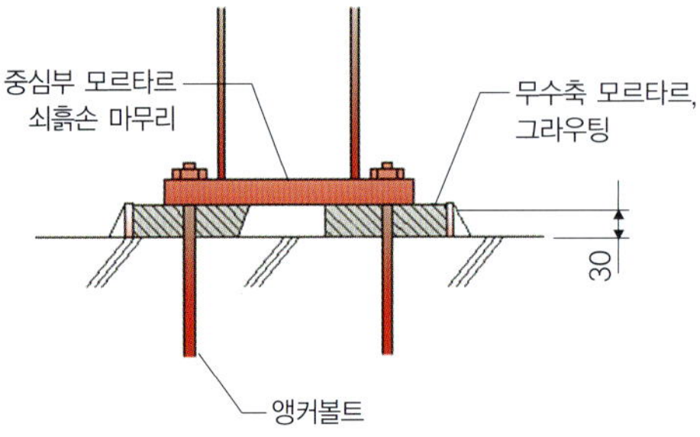

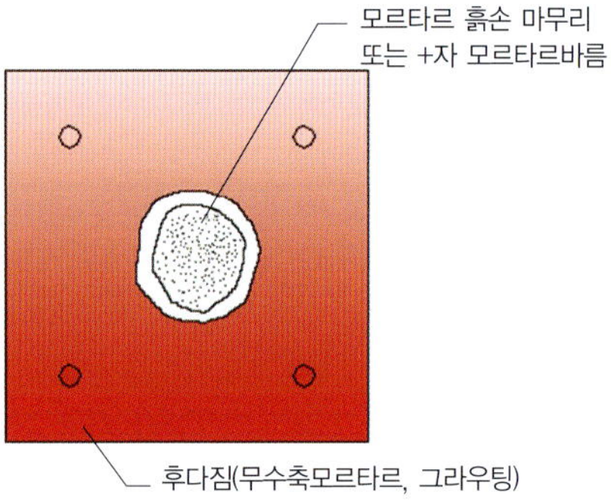

• 나중부분 채워넣기법

지정저면의 중심부만 지정높이 만큼 수평으로 된비빔모르타르를 바르고 기둥을 세운 후 그 주위에 모르타르를 그라우팅 하는 방법이다. 중앙부 깔음모르타르가 자중 및 압축력에 견딜 수 있는 고층시공에 사용된다.

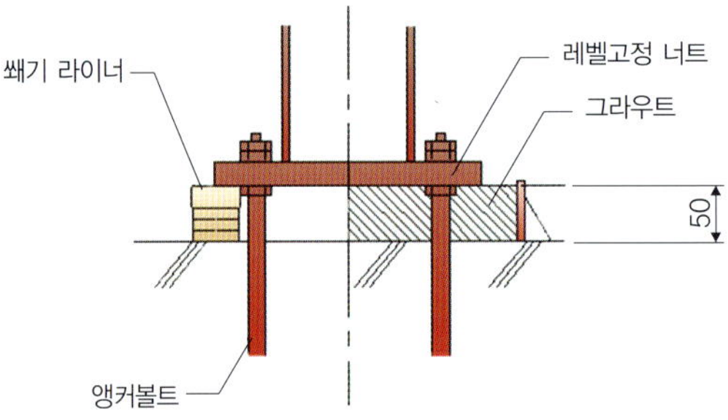

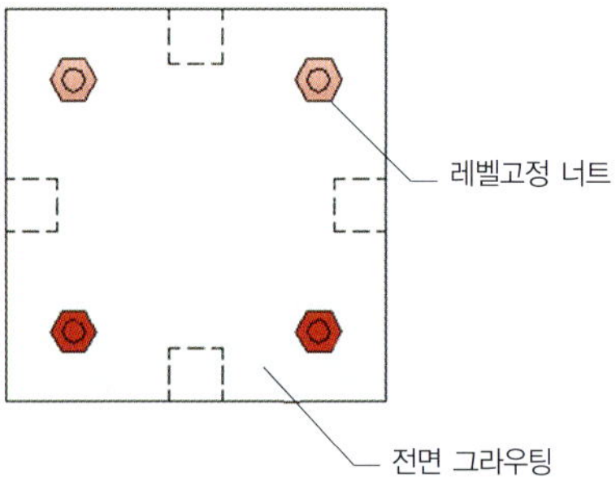

• 나중채워넣기법

기초 위에 놓인 베이스플레이트의 네 귀에 철물쐐기를 고여 높이 및 수평 조절을 하고 기둥을 세운 후에 모르타르를 그라우팅하여 채워넣는 법이다. 본 공법은 수평조절이 가능하고 자중이 가벼운 경미한 공사에 사용된다.

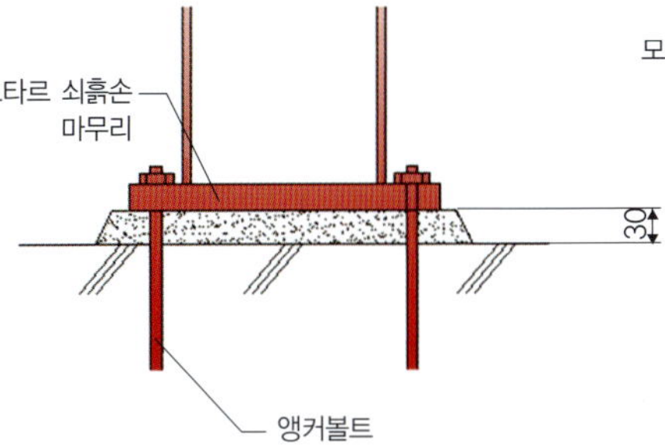

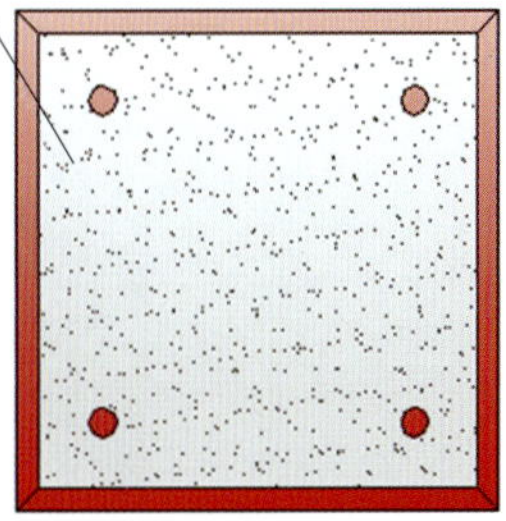

⑥ 양중계획

- 양중계획의 고려사항

  철골양중 및 크레인 등의 붐길이를 산정하기 위하여 주변건물, 환경 및 기타사항 등을 고려한다.

a) 환경 b) 작업 c) 기타

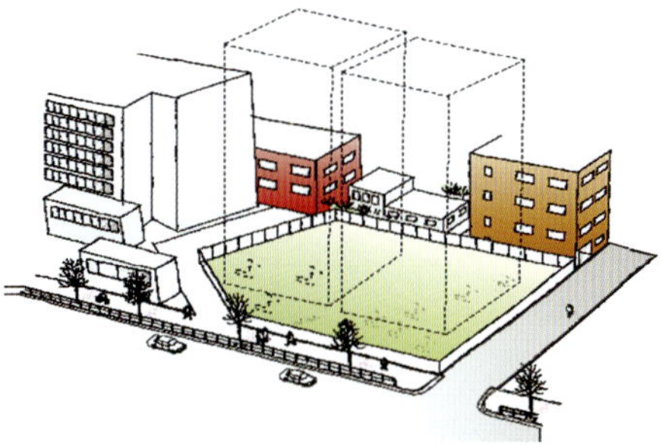

- 조립용 장비의 선정

  건축물에 사용하는 철골의 중량과 시공계획에 의하여 양중장비를 선정함.

  – 타워크레인

- 트럭크레인

••• 철골조립시공

① 조립방법 선정

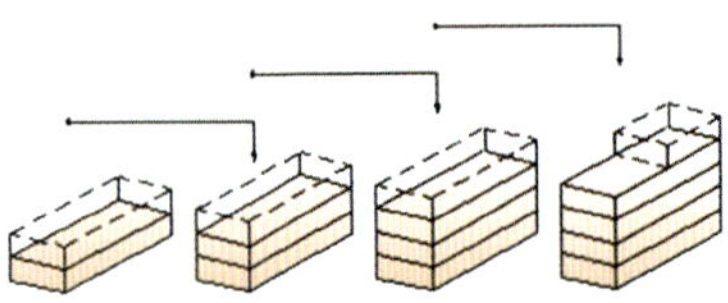

적층공법

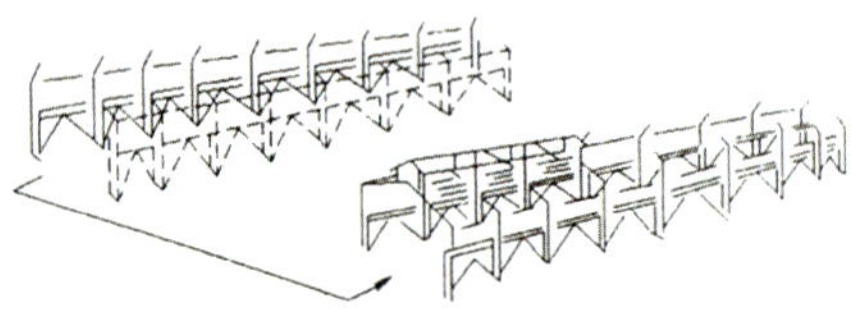

축 세우기 방식

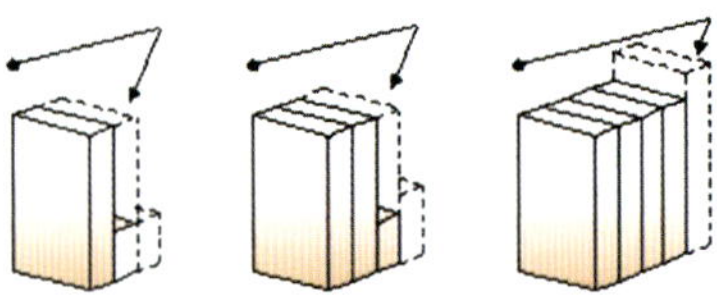

빠져나가기 장식

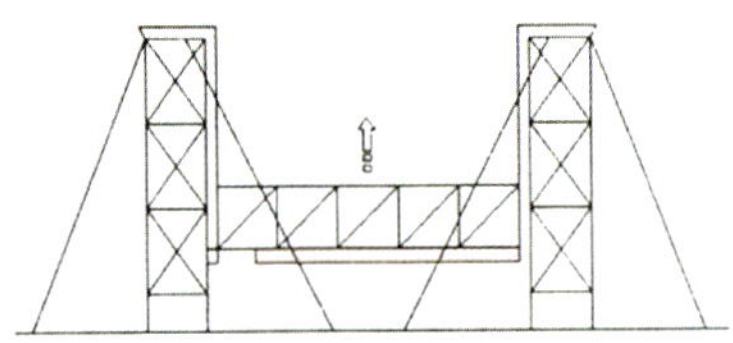

리프트 업 공법

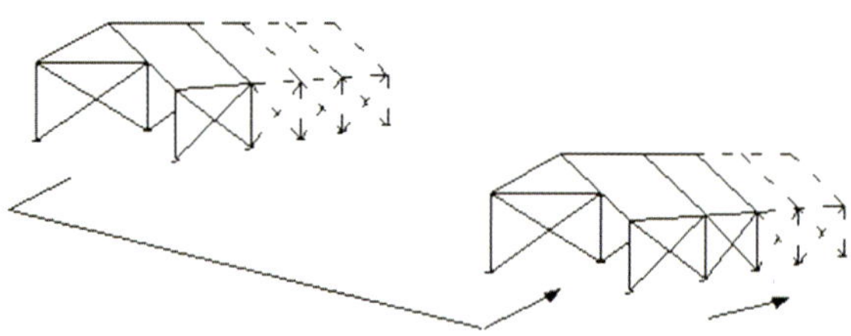

윤렬 세우기

② 접합방법 선정

철골의 접합방법은 현재는 다음 3종류가 주로 행해지고 있다.

a) 리벳접합

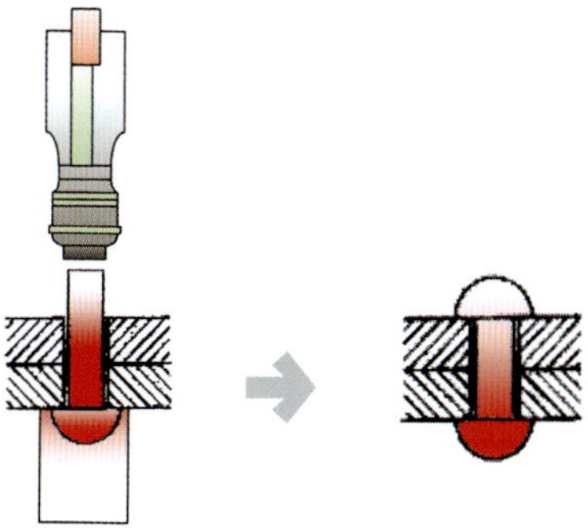

b) 볼트접합

• 고장력볼트를 이용한 접합

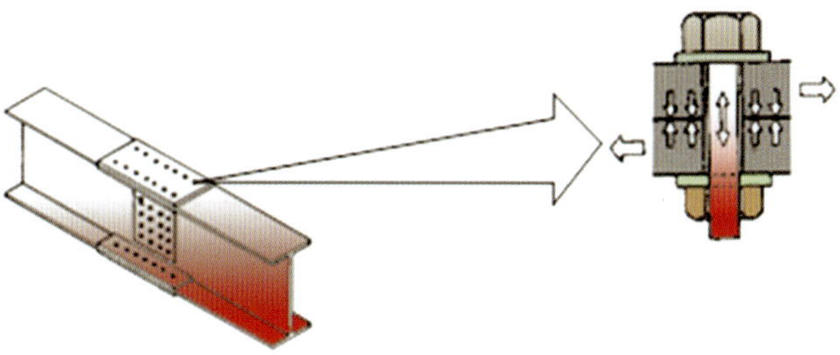

고정력 볼트의 조임순서

① 1차조임(70%)

② 금매김

③ 2차조임(본조임으로 30%)

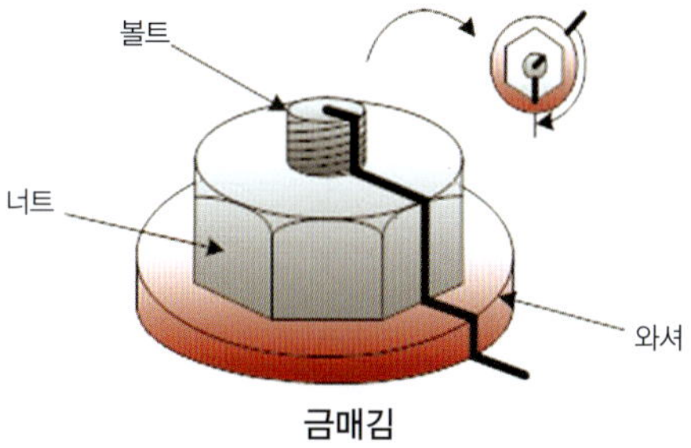

• 다이얼게이지형 임펙트렌치

고장력 볼트의 조임력을 측정하기 위하여 임펙트렌치를 사용한다.

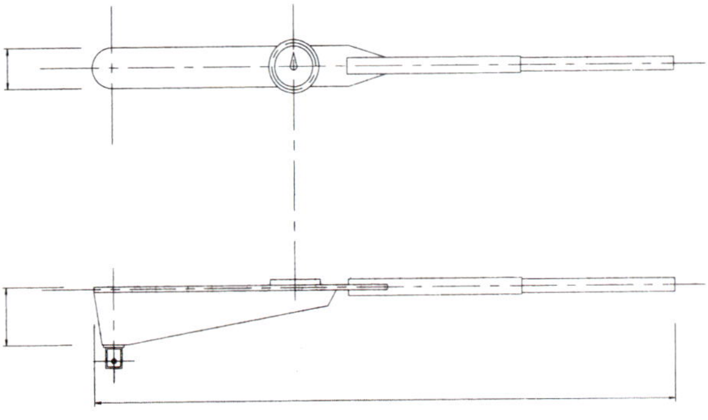

c) 용접접합

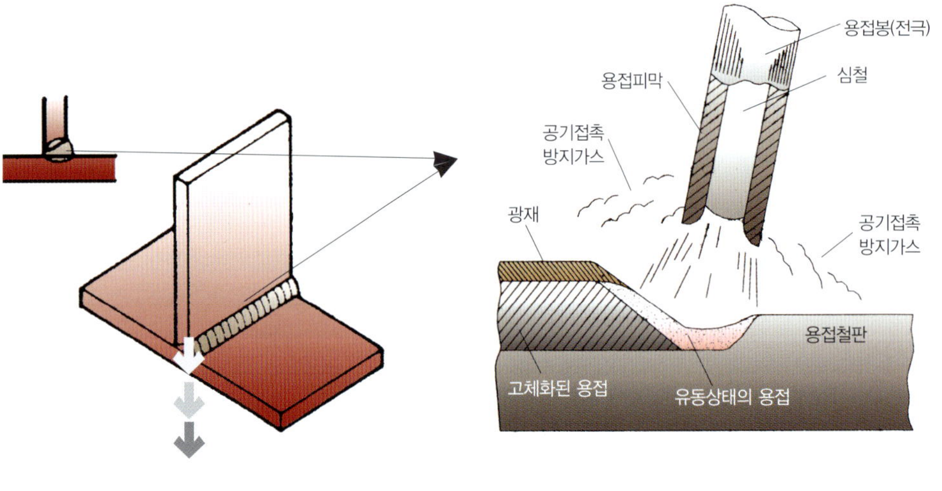

• 아크용접

용접봉과 모재 사이에 전류를 흐르게 하여 아크를 발생시킨 열로 모재 및 용접봉의 끝이 녹아 모재와 간극을 채워서 용접된다.

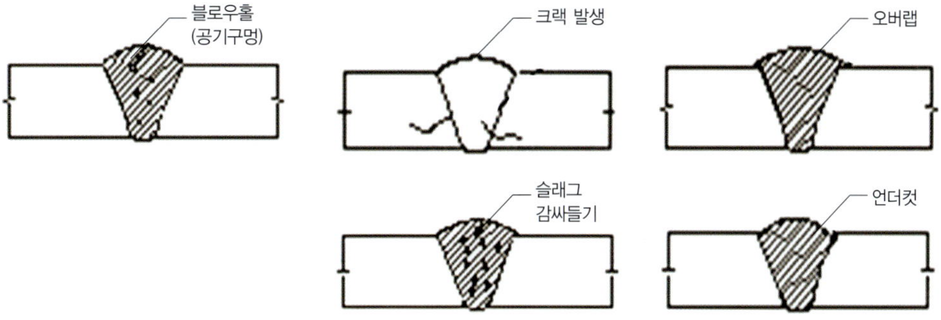

• 용접에 따른 결함 사항

- 균열(crack) : 가장 유해한 결함으로 균열은 모체의 연성저하, 과열냉각 과정에 의한 열응력, 이음부에 영향
- 언더컷(under cut) : 모래가 녹아 용착금속이 채워지지 않고 홈으로 남게 된 부분이다.
- 오버랩(over lap) : 용접금속의 언저리가 모재와 융합되지 않고 겹쳐진 상태이다.
- 공기구멍(blow hole) : 용착금속의 내부에 가스가 방출되지 않아 공기구멍이 발생한 것이다.
- 슬래그 감싸들기 : 용접봉의 피복재 심선과 모재가 변하여 생긴 회분이 용착금속에 혼입된 것이다.

③ 용접품질검사

a) 육안검사

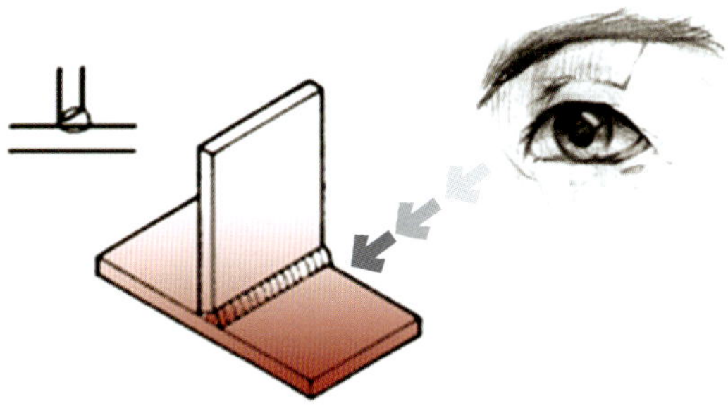

b) 침투탐상법

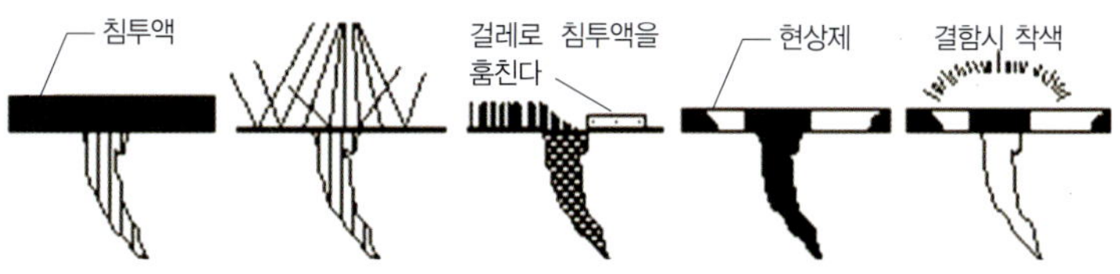

c) 방사선 투과검사

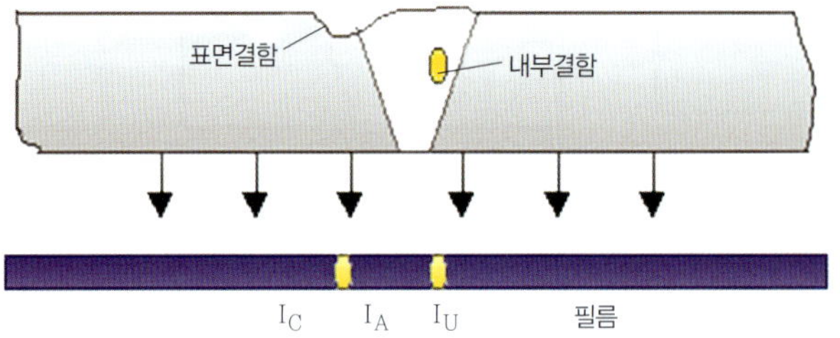

방사선 투과검사 원리

④ 철골조 축조구법

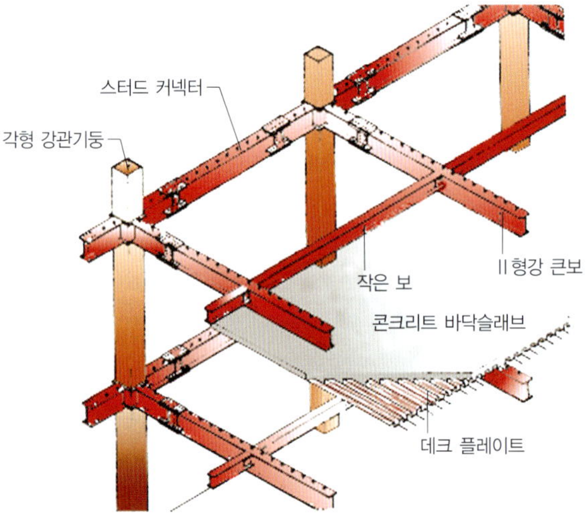

⑤ 방청-내화피복

• 방청도장

방청도장은 일반적으로 철골구조의 경우에만 행해져, 콘크리트로 채워지는 부분은 특히 지정된 장소를 제외하고는 도장되지 않는다.

• 내화피복

철골은 화재에 의해 온도가 상승하면 강도나 강성이 저하해서(일반 강재는 온도가 450℃이상이 되면 강도가 급격하게 저하해서 800℃가 되면 화재에 견딜 수 없게 된다) 자립할 수 없게 된다. 이 때문에 철골구조물에서는 피난에 필요한 일정시간에 철골의 온도가 상승하지 않도록 철골재에 내화피복을 하는 것이 법에 정해져 있다.

a) 록크 울 뿜기 공법

b) 성형판 접착공법

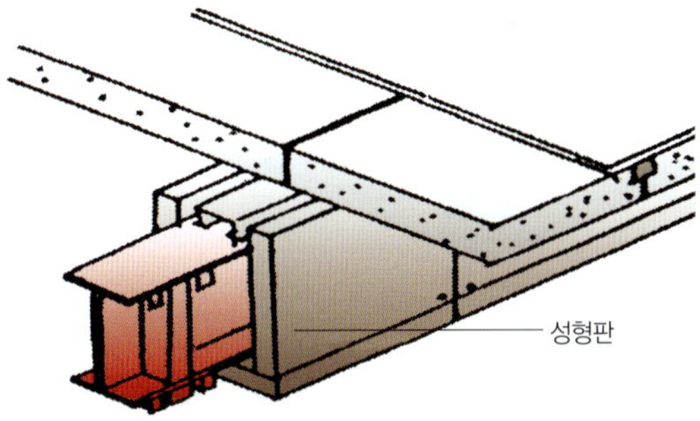

14 외부 마감공사

외부마감

외장공사의 특징은 항상 외부에 접하고 있기 때문에 기상 등의 영향을 받기 쉽고 내구성, 내수성능이 요구되는 부위이며 유지관리가 쉽지 않은 부위이다. 이 때문에 세심한 계획과 확실한 공사가 필요하고 의장을 고려한 외관도 아주 중요하다.

커튼월공사

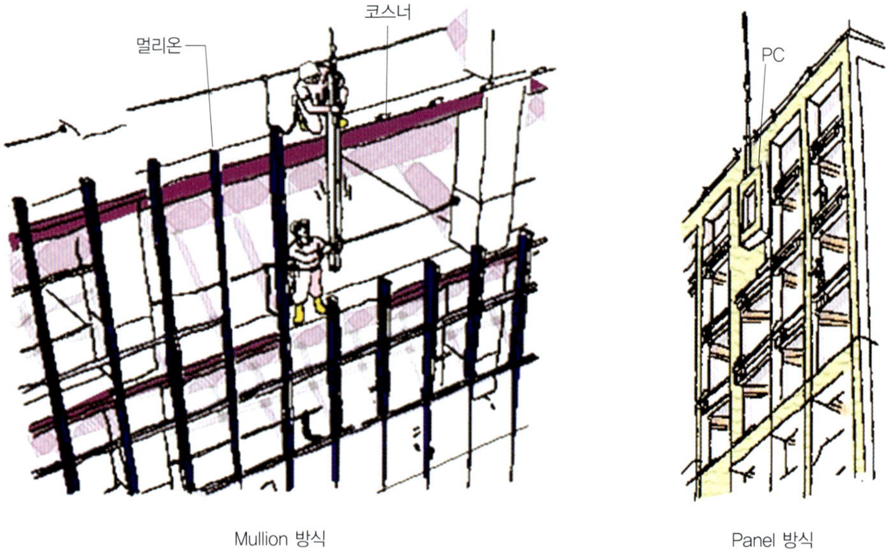

커튼월 구성방식

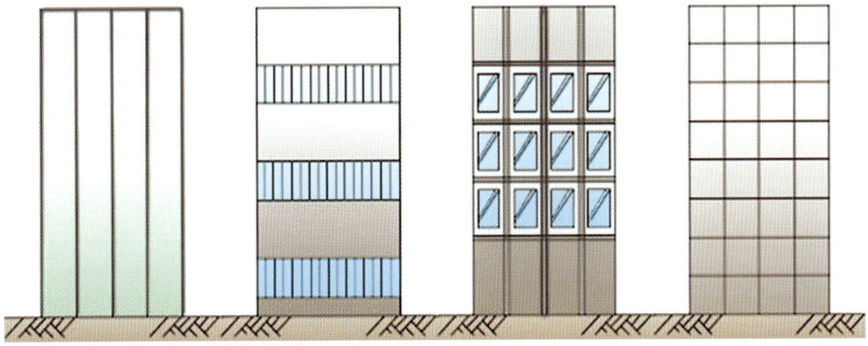

mullion type　spandrel type　grid type　sheath type

외관의 형태에 의한 구분

① 멀리언(mullion) 타입 : 수직부재인 멀리언을 노출시키고 그 사이에 창호나 스팬드럴 패널을 끼우는 방식.

② 스팬드럴(spandrel) 타입 : 트랜섬과 수평으로 연결되는 스팬드럴을 강조하여 외관에 있어 수평을 강조하는 타입.

③ 그리드(grid) 타입 : 멀리언과 트랜섬 모두를 강조하여 수직과 수평을 동시에 강조하는 타입.

④ 시스(sheath) 타입 : 멀리언이나 트랜섬이 외부에서 보이지 않도록 패널로 은폐시키는 타입.

1. 먹매김

2. 앵커 설치

3. Fastener 설치

4. 설치 후 점검

5. 완전 고정

6. 실런트 시공

커튼월 시공순서

커튼월 자재의 종류

① 강제 커튼월 : 다른 금속재료에 비해서 가격이 저렴하나 녹이 발생하기 쉬운 단점이 있으므로, 녹이 슬지 않도록 불소수지로 도장을 하거나 표면에 유리질 유약을 입힌 범랑형태로 사용.

② 알루미늄 커튼월 : 얇은 알루미늄판 사이에 단열재 등을 끼워 넣은 복합패널의 형태로 만들어지며 가볍고, 조립 시공이 쉬우며 부식에 강함.

③ 스테인리스 커튼월 : 가격이 비싸나 내후성이 좋고 외관이 미려하여 독특한 외벽의 디자인을 표현할 수 있음.

Fastener의 구성

Curtain wall과 구조체를 긴결시키는 부품으로 내구성, 내화성 및 층간변위에 대한 추종성이 요구된다.

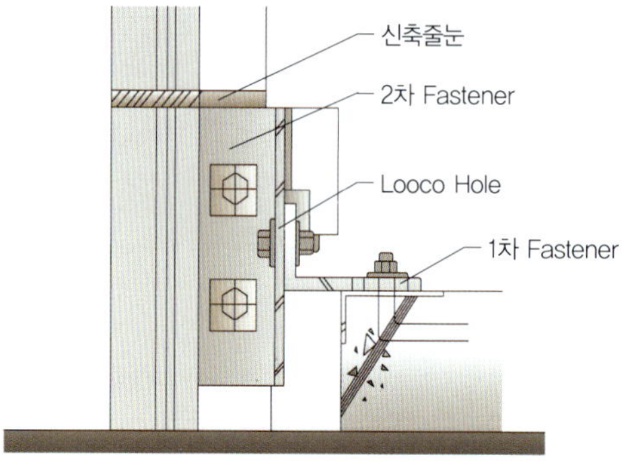

Fastener의 접합방식

① 슬라이드방식(스웨이방식)

- 커튼월 하단을 구조체에 고정시키고, 상부를 슬라이드 또는 회전시키는 방식.

-면내 변형이 어려운 PC 커튼월 등에 사용.

-층간변위 발생시 수평조인트 줄눈재가 충분한 추종성으로 파괴되지 않아야 함.

-가로로 긴 패널에 적합하며, 열 신축의 흡수가 용이.

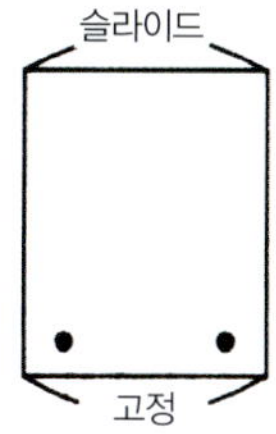

② 록킹방식

• 커튼월의 상 · 하단 중심부에 1점씩 핀으로 지지하고, 다른 지점은 슬라이드시키는 방식.

-면내 변형이 어려운 PC 커튼월 등에 사용.

-패널 면 외에 무리한 응력이 발생하지 않고 층간 변위에 대한 추종성이 좋음.

-부재간 수직조인트 줄눈에 전단변위 발생.

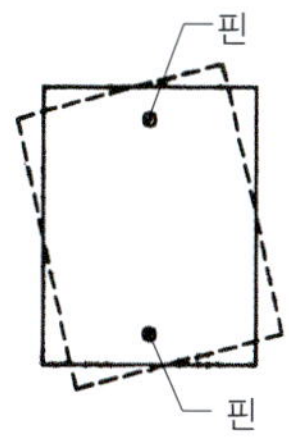

③ 고정방식

• 커튼월의 상하단을 고정하여 구조체 변위에 추종시키는 방식.

-면내 탄성변형으로 층간변위를 흡수하는 금속 커튼월 등에 사용.

-부재의 열팽창을 흡수할 수 있어야 함.

-조인트 줄눈재에 무리한 변형이 생기지 않고 패스너 설치작업이 간편.

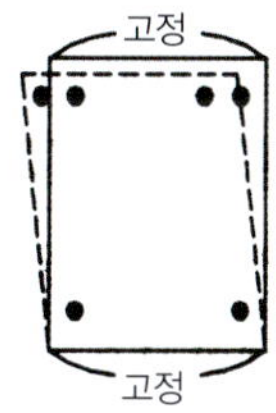

• 구조체 부착철물과 커튼월 부착철물을 서로 연결하여 설치한다. 이러한 철물을 총칭하여 패스너(fastener)라고 하며, 구조체에 직접 설치되는 1차 패스너와 커튼월 사이의 시공오차를 조절하기 위한 2차 패스너로 구분된다.

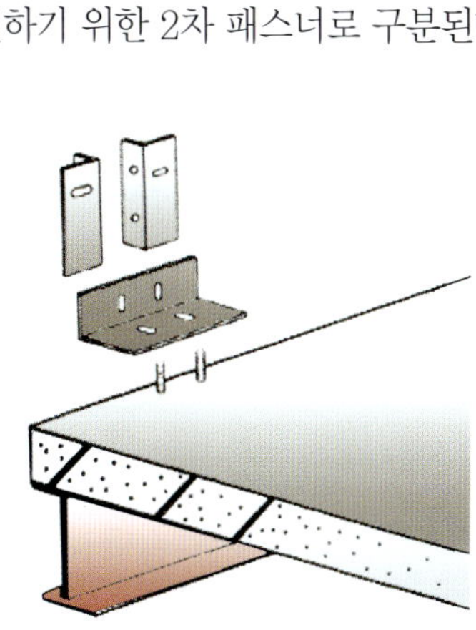

패스너의 기능

주요 기능	개 요
힘의 전달기능	• 커튼월 부재의 자중지지 • 지진력에 견디고 지지 • 풍압력에 견디고 지지
변형 흡수기능	• 층간변위에 대한 추종력 보유 • 온도변화에 의한 부재 신축의 구속 방지
오차 흡수기능	• 구조체의 오차 흡수 • 커튼월 부재의 제작오차 흡수 • 현장 설치시 시공오차 흡수

a) 글레이징 개스킷 고정법

알루미늄 창호의 유리 끼우기에 사용되는 방법으로서, 경제적이고 시공성이 좋으나 수밀성과 기밀성은 떨어진다. 글레이징 채널 고정법과 글레이징 비드 고정법이 있다.

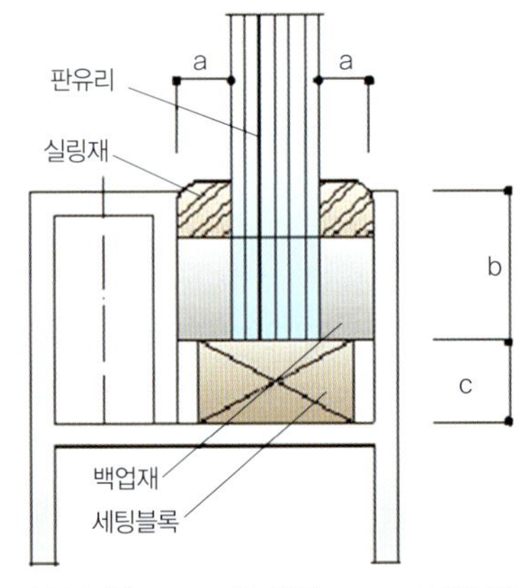

a : 면 클리어런스　b : 유리깊이　c : 모서리 클리어런스

b) 구조 개스킷 고정법

클로로프렌고무를 필요한 형상으로 사출하여 만든 개스킷으로 유리를 고정하는 방법이다. 고정창에 주로 사용되며, Y자형 개스킷 고정법과 H형 개스킷 고정법이 있다.

개스킷 고정법

	Y자형 개스킷 고정법		H형 개스킷 고정법	
개요 및 형상	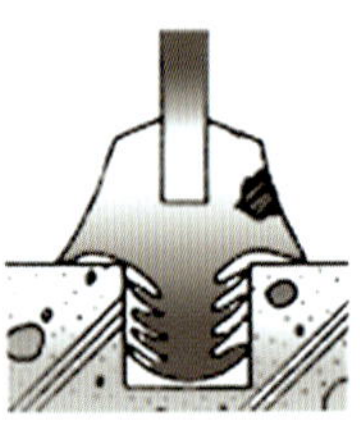	콘크리트 · 석재 등의 U자형 홈에 Y자형 구조 개스킷을 사용하여 유리 삽입	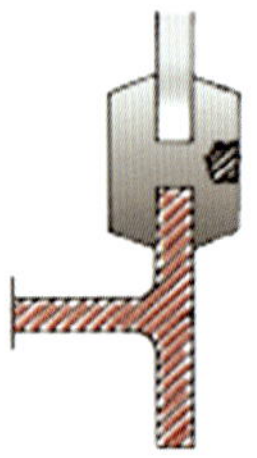	금속프레임 등에 H형 개스킷을 사용하여 유리 삽입

c) 서스펜션공법

대형 판유리를 사용하여 유리만으로 벽면을 구성하는 방법으로 자중에 의해 완전한 평면이 되므로 유리 내부에 응력이 생기지 않으므로 투시영상 등의 광학적 기능이 향상된다.

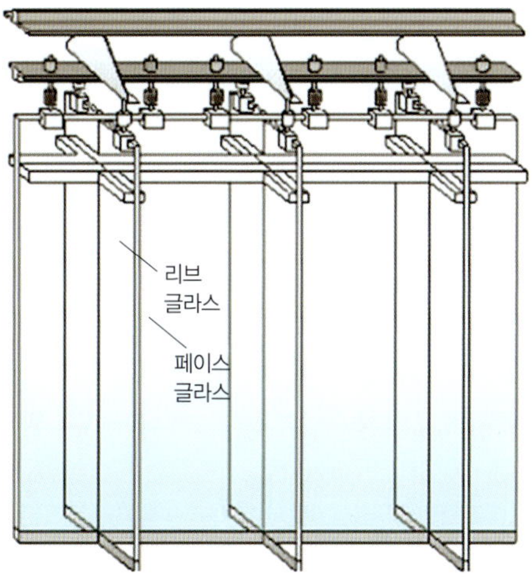

d) SSG공법

SSG공법이란 실리콘 실링재를 사용하여 외벽을 반사유리 등으로 마무리한 후, 금속 Frame을 외부로 노출시키지 않는 판유리 커튼월공법을 말한다.

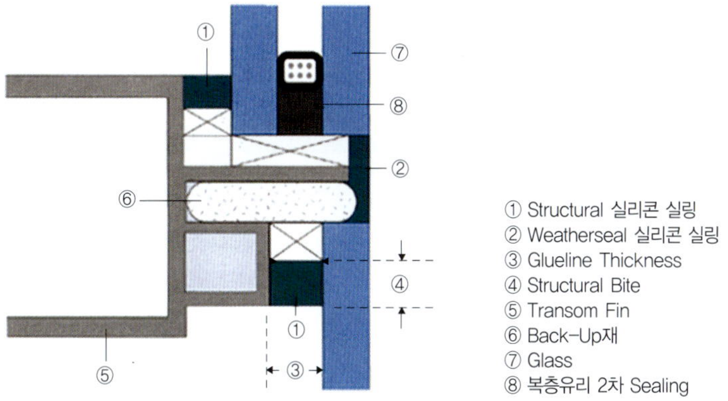

15 내부 마감공사

외부공사나 골조 등은 사용자에게 공용공간이므로 눈에 드러나지 않는 공사가 대부분이나 내장공사는 사용자의 눈에 보이는 공사이다. 공정도 많아지고 실내의 공정과 작업의 흐름을 생각하여 원활하게 공사가 어우러질 수 있도록 합리적인 공사진행이 요구된다.

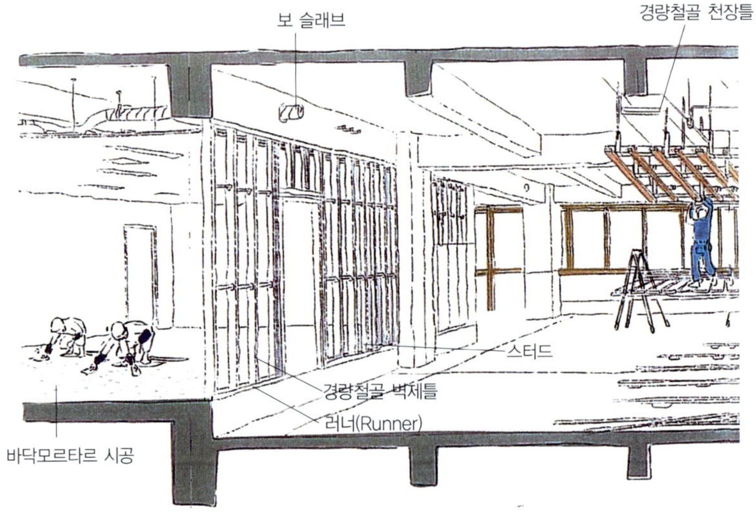

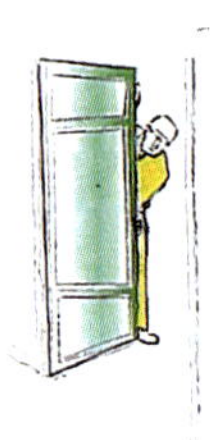

타일공사

타일은 건축물의 외장이나 실내에서 물을 많이 사용하는 장소에 쓰임. 건축물의 미관이나 보호를 목적으로 하므로 치수를 바르게 나누고 평탄하게 턱짐이 없고 박리되지 않도록 시공한다.

문짝 설치

먼저 문틀을 설치하고 마감이 완료된 시점에서 문짝을 설치한다.

벽지 바름

천장, 벽의 긴 면, 벽의 짧은 면 순으로 바르며, 바른 후에 통풍을 철저히 하며 서서히 건조한다.

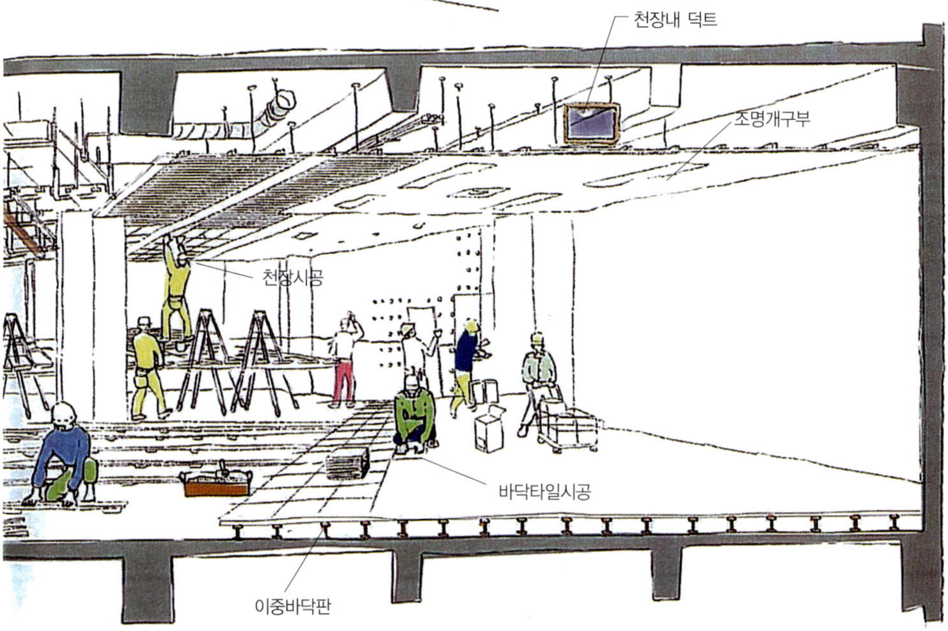

단열공사

냉 · 난방부하를 절감시켜 에너지 절약을 도모하고 쾌적한 실내환경을 조성하기 위한 공사.

건식벽체 시공

건물 내부에 비내력벽을 설치함에 있어서 건식재료를 사용하여 건식벽을 설치하는 것으로 수평 · 수직의 정확도 확보, 운반 · 설치작업시 파손 방지 및 철저한 방수처리가 요구된다.

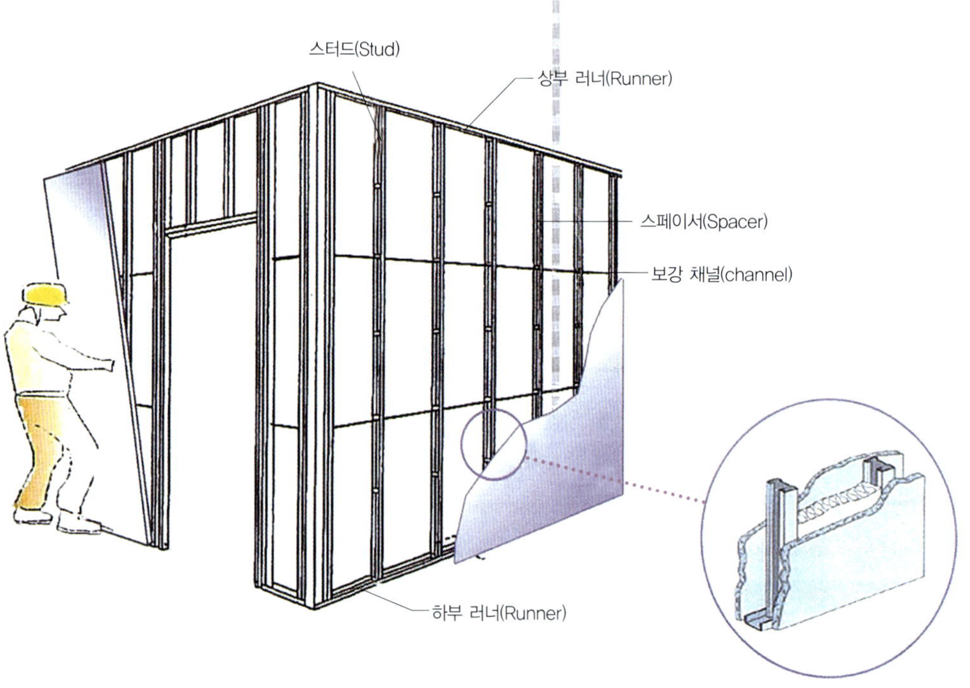

1. Runner, Stud 설치

2. 일면 마감보드 설치

••• 개구부 연결부위

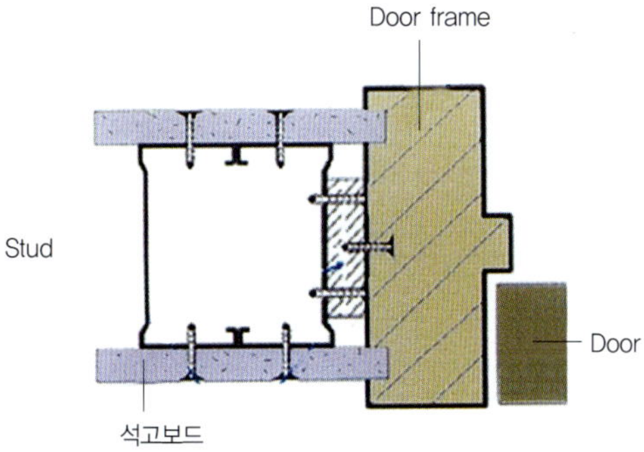

••• 천장접합부위

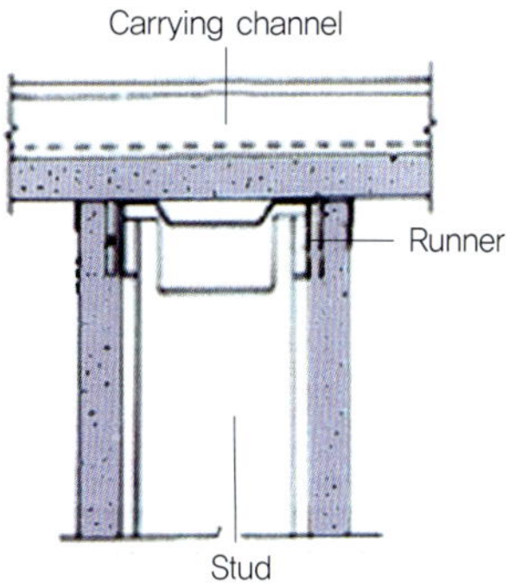

••• 기둥접합부위

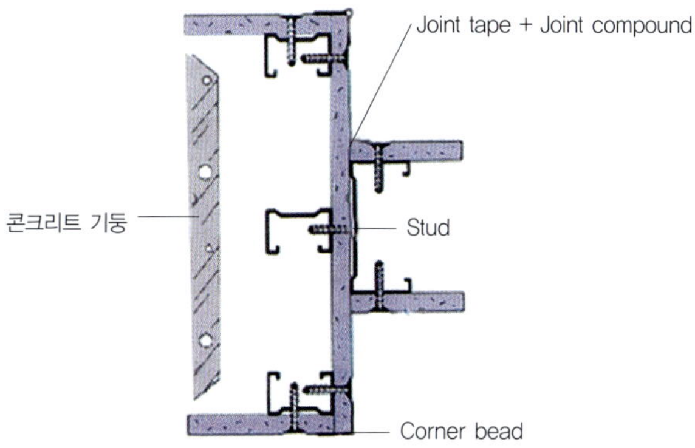

3. 단열재 충전

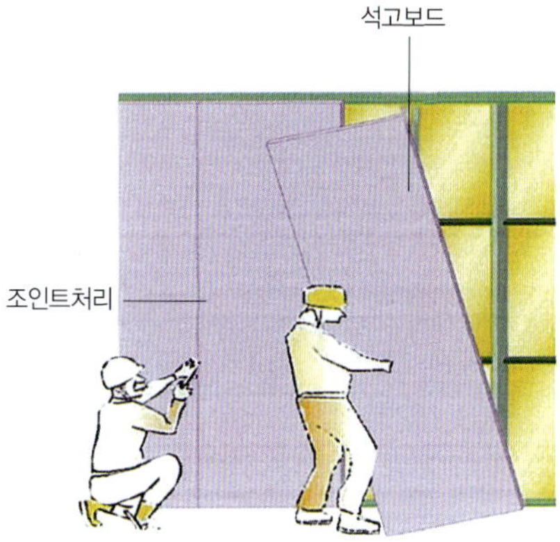

4. 반대면 마감보드 설치

경량철골천장 시공

경량철골 천장틀을 앵커로 천장슬래브에 고정시키고, 틀 밑의 M-Bar 또는 T-Bar 등에 마감재를 고정시키는 방법으로, 천장의 부분적인 처짐이나 뒤틀림이 생기지않도록 유의하여야 하며 철저한 방청처리가 중요하다.

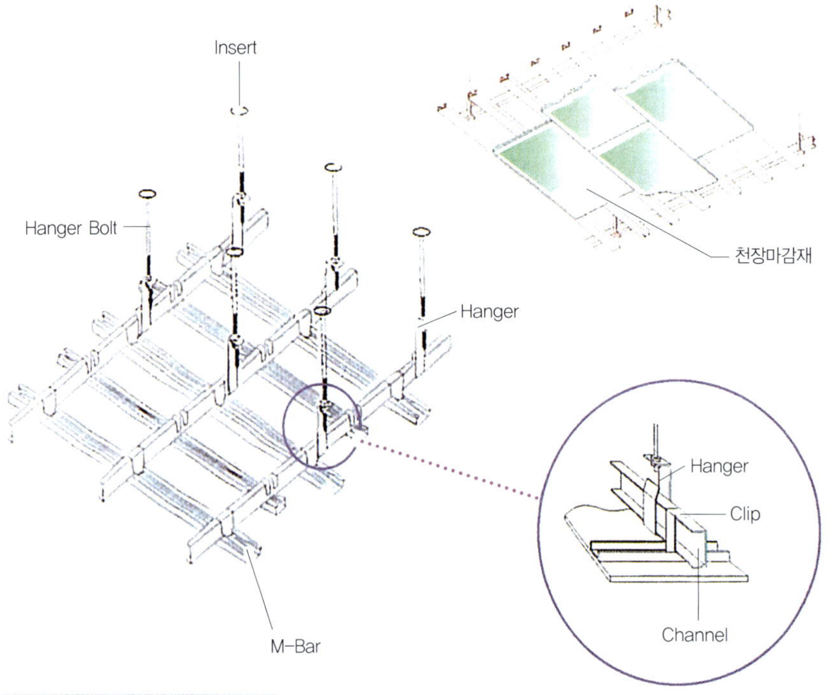

1. Hanger bolt를 골조에 Anchoring한 insert에 부착

2. Hanger를 위해 channel을 설치

System 천장구조

설비기구와 천장마감재를 일체화하여 시공이 간단하고, 공기를 단축시킬 수 있는 방법이다.

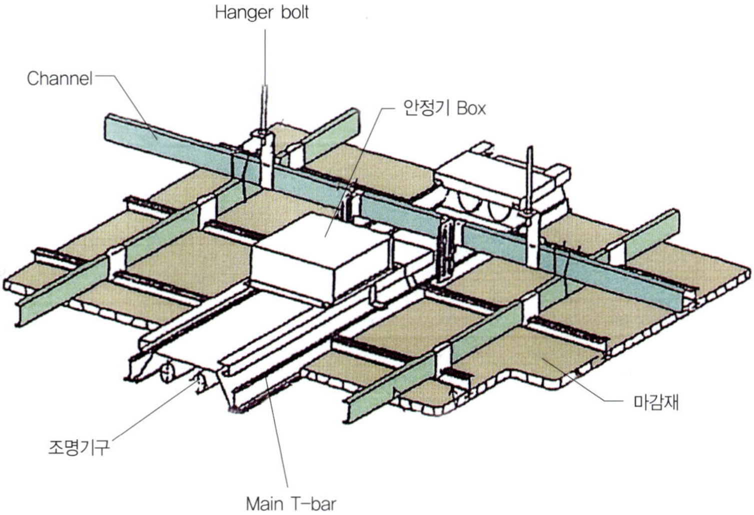

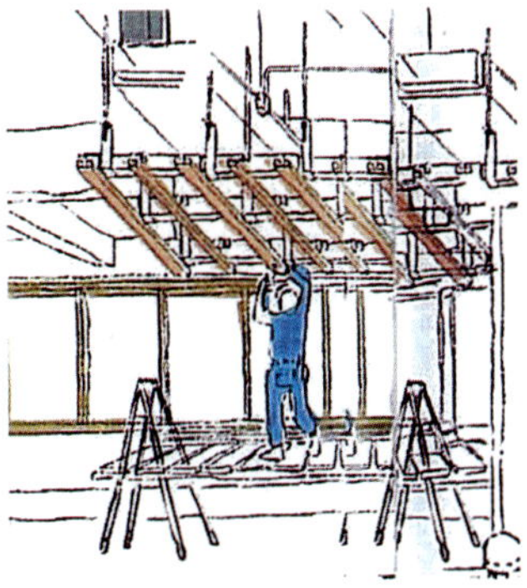

3. M-Bar 설치

4. 마감재 부착 및 마감처리

이중바닥판(Access Floor) 시공

구조체 바닥 위체 설치되는 단위패널을 조합한 바닥으로 사무실 등의 공간에서 각종 케이블 등을 이중 바닥재 안에 매설하는 방식으로, 일정 규모 이상을 사전 시공하여 조립 상태 및 부재의 기능, 재질 등의 적합유무를 확인함이 필요하다.

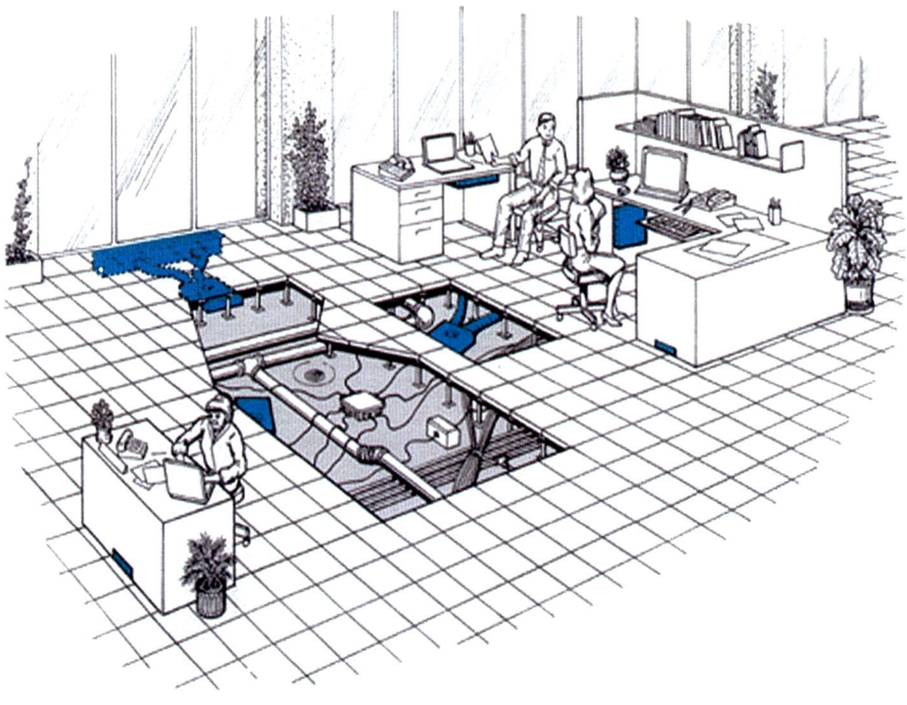

1. 지지대 시공

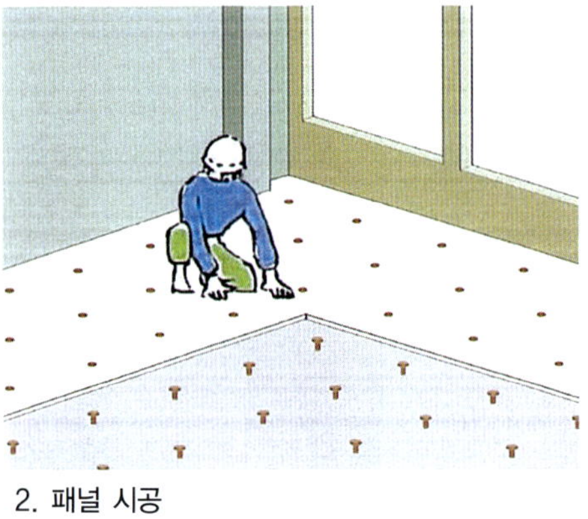

2. 패널 시공

Access Floor 선정

지지방법

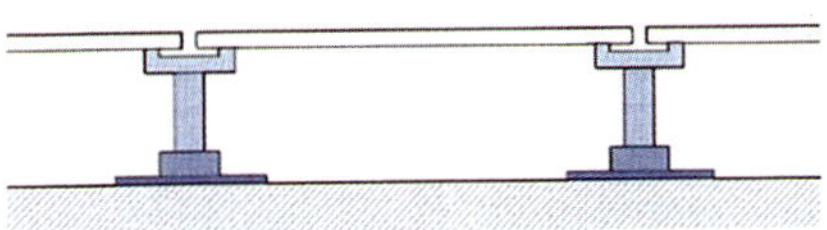

Pannel 공통조정

패널, 지지대 일체형

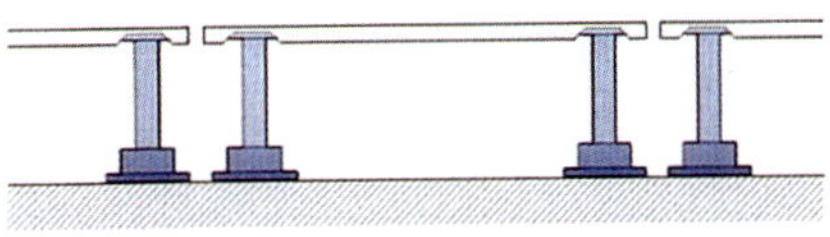

Suppot Bolt 방식

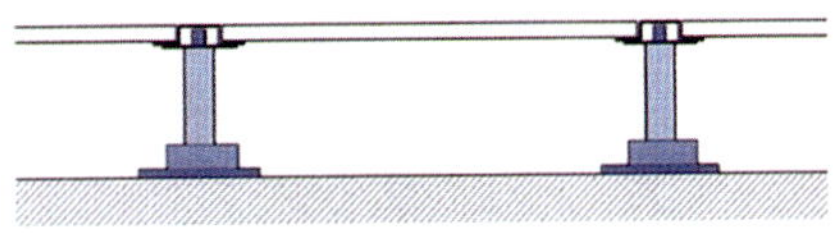

Trench 방식

3. 홀캡 설치

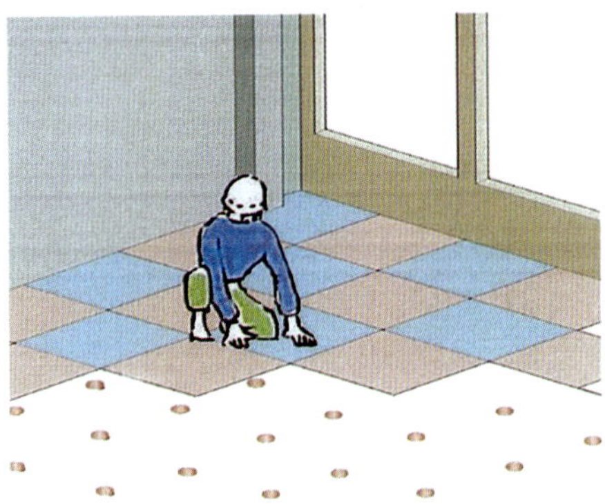

4. 마감재 시공

16 구조체 완료 및 기타공사

구조체 완료

최상층의 구조체 콘크리트를 타설하면 [상량식]이 행하여진다. 여기에서 골조공사는 일단락을 맞이하고 중간검사를 한 후 주요한 마무리 공사가 본격적으로 시작된다.

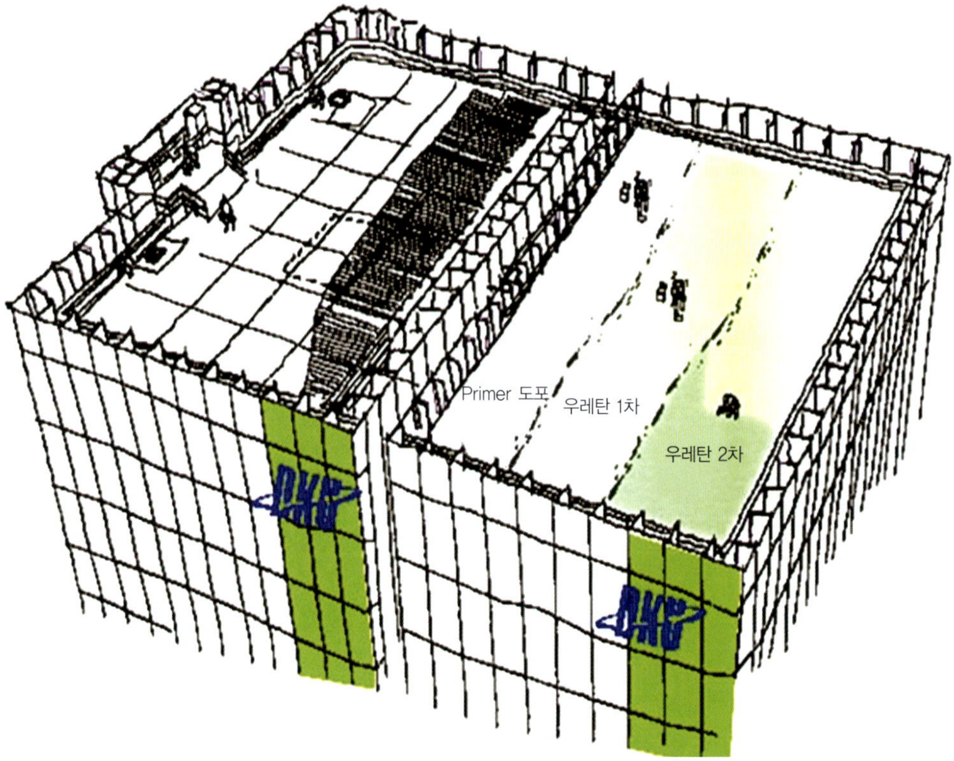

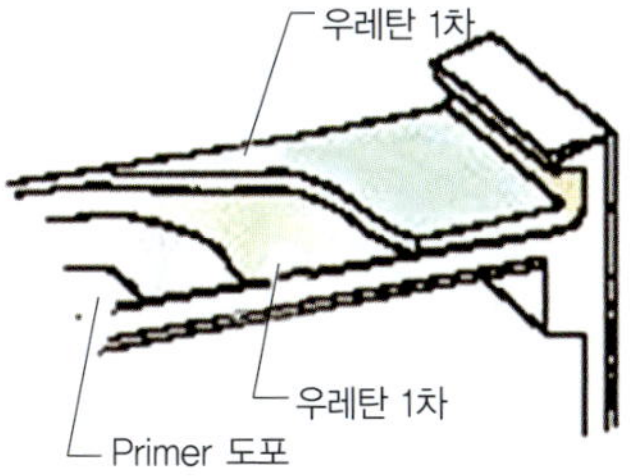

지붕 방수층 단면

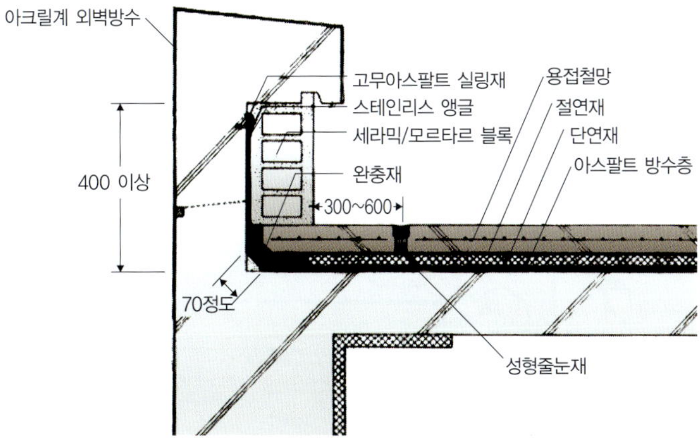

외벽과 파라펫 끝단의 방수 예

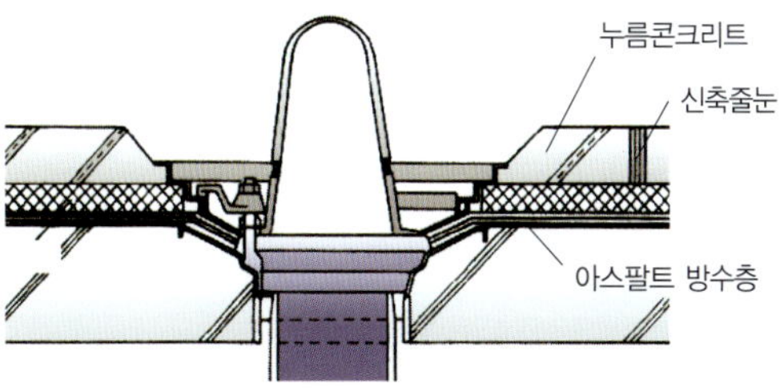

옥상 드레인 주변의 단열누름 방수의 예

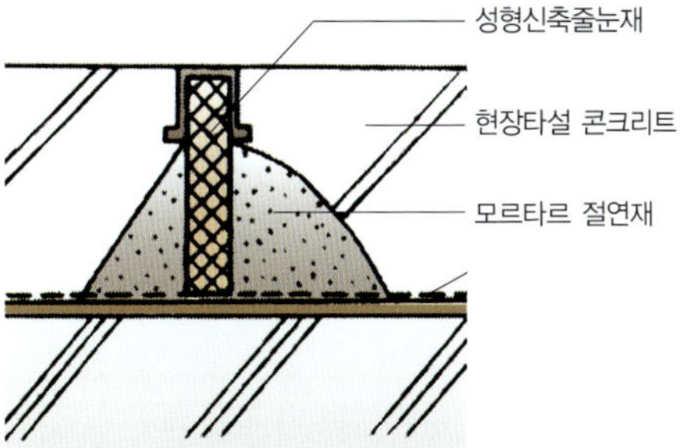

신축줄눈의 시공 예

방수층 : A-PF

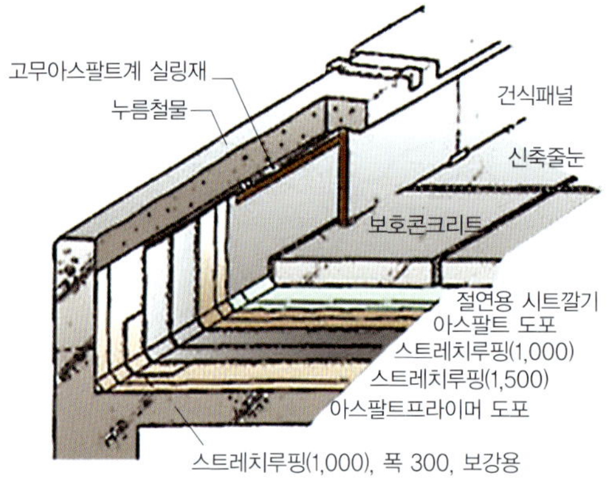

방수층 : A-LS

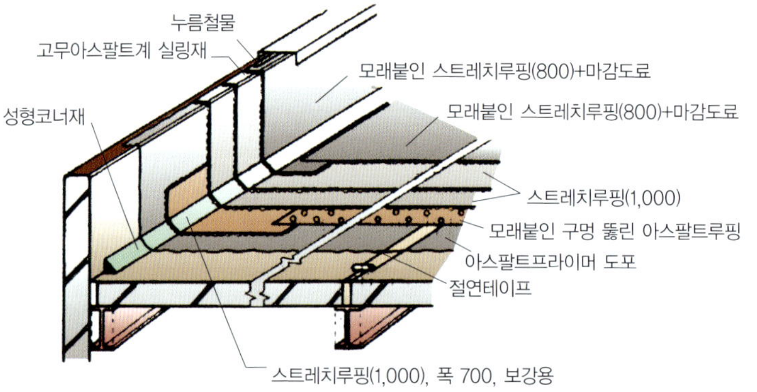

아스팔트방수의 시공 예

방수층 : S-RF

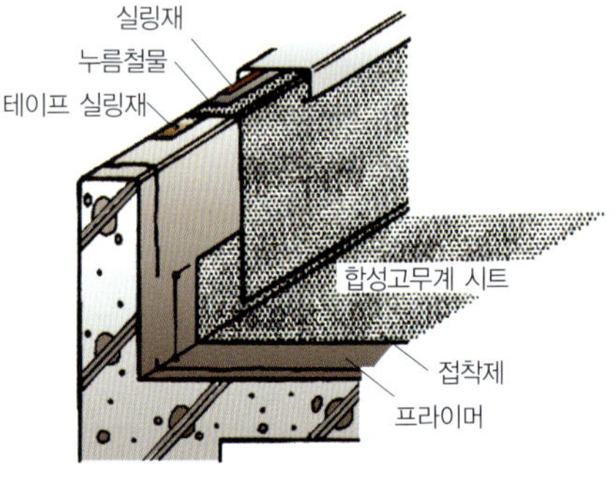

방수층 : S-PF

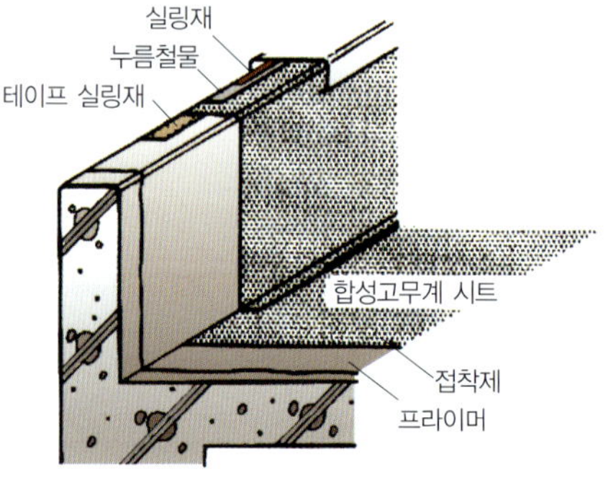

시트방수의 시공 예

보강재와 완충재의 조합

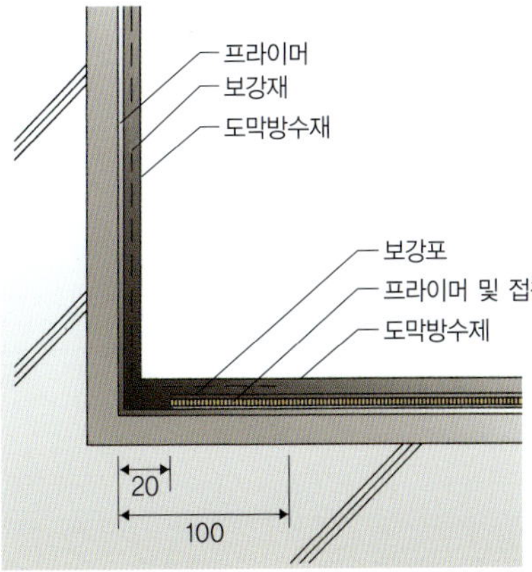

도막방수 시공의 예

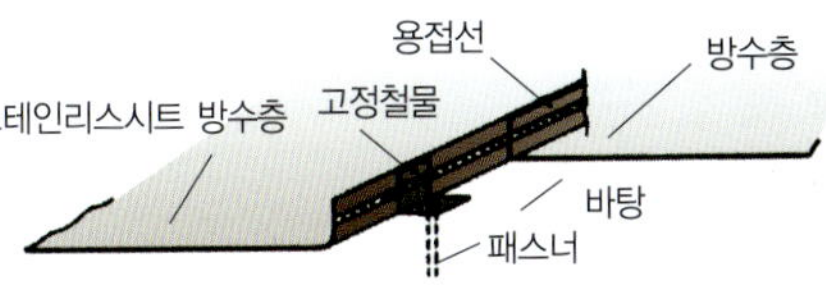

스테인리스시트방수의 고정상태

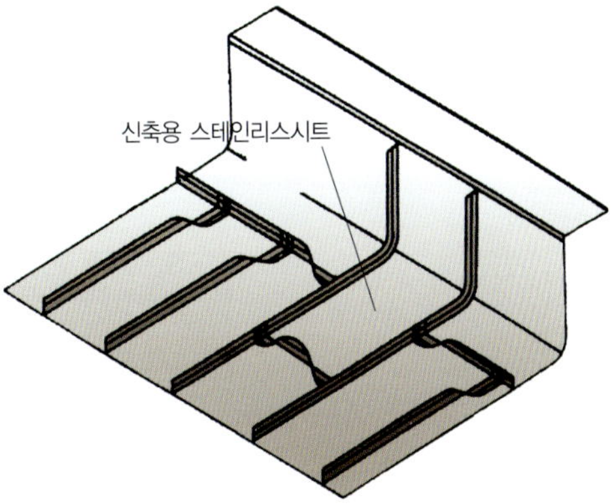

스테인리스시트의 치켜올림부 마무리

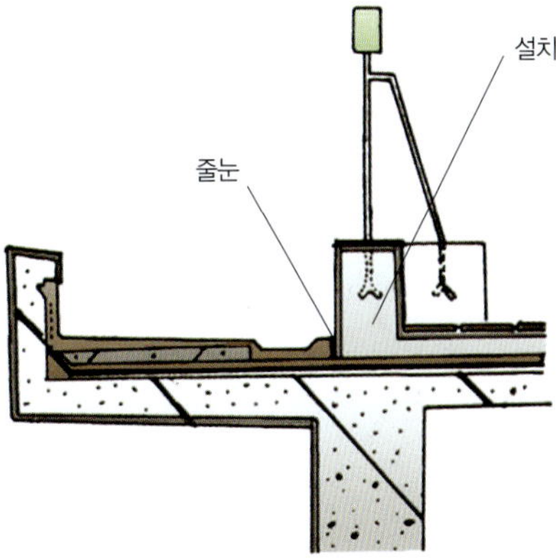

옥상의 난간 설치

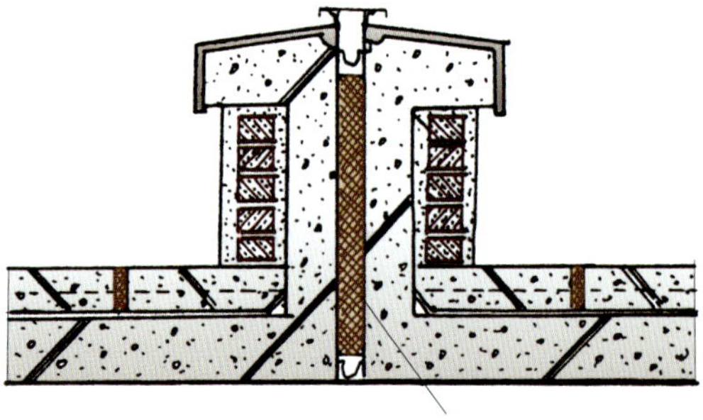

(a) 옥상슬래브

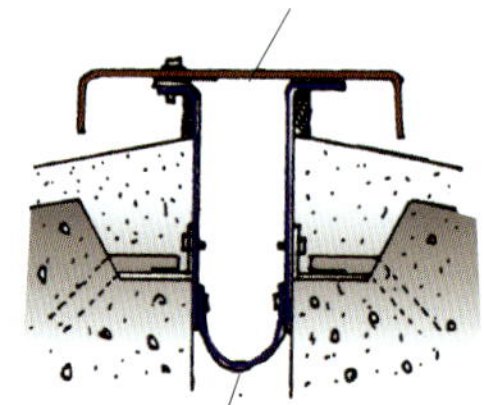

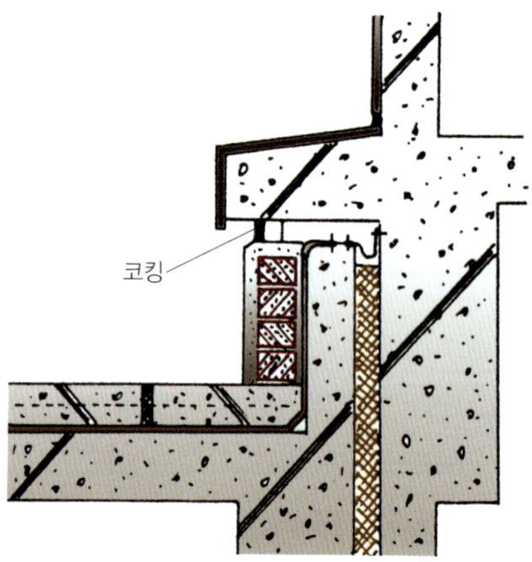

(b) 옥상슬래브와 외벽

옥상의 컨트롤 조인트

타워크레인 해체

- 내부형 : 해체용 장비의 설치 및 반출계획을 사전에 검토, 수립, 자제해체, 소형해체용 Jip 및 Mast해체, 최종 소형부재로 해체, 본설 곤돌라나 엘리베이터로 반출.
- 외부형 : 텔레스코핑 작업을 실시하여 Mast해체 후 mobile crane으로 Jip 및 몸체 등을 해체 후 반출, 작업 area 확인.

T/C 사용 공사 완료

T/C 해체용 중형 crane 설치

T/C jip 해체 후 반출

T/C 몸체 해체 및 반출

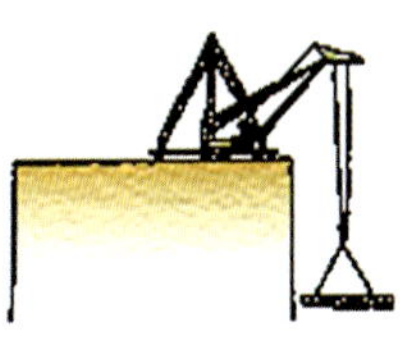

소형 크레인으로
중형크레인 jip 해체

중형크레인 해체 및 반출

인력으로 소형크레인
해체 후 반출

해체한 크레인 로프를
인력으로 반출

비계 해체

외장공사도 완료하고 비계가 불필요하게 된 시점에서 비계를 해체한다. 외벽은 깨끗하게 청소하고, 위험요소를 고려해가며 위에서 순차적으로 비계를 해체해 간다. 최후 가설울타리를 철거하고 건물 주변공사를 완성시켜서 완료하게 된다.

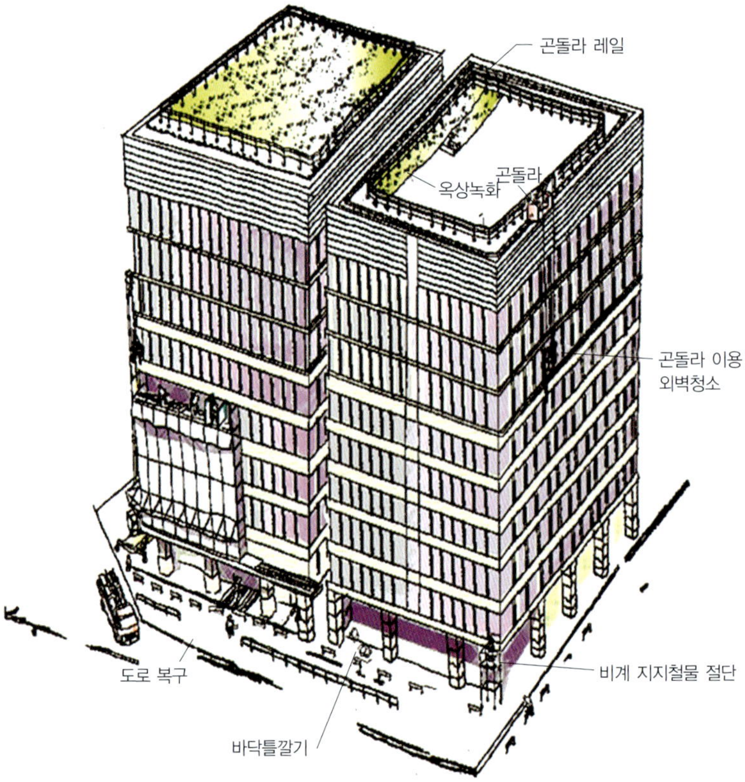

인조잔디 깔기

인터로킹 블록

노상은 기구를 이용해서 충분히 다짐(롤러 다짐 또는 콤팩트 다짐) 깔기공법에 맞추어 해머로 두드리면서 들뜬 것을 가라앉혀 정착시킨다.

다짐

인터로킹 블록 깔기

바닥 석공사

바닥 석공사는 한 장 한 장을 수평되게 깔고 적당히 고려하고 단차이가 나지 않도록 시공한다.

인터로킹 블록 깔기

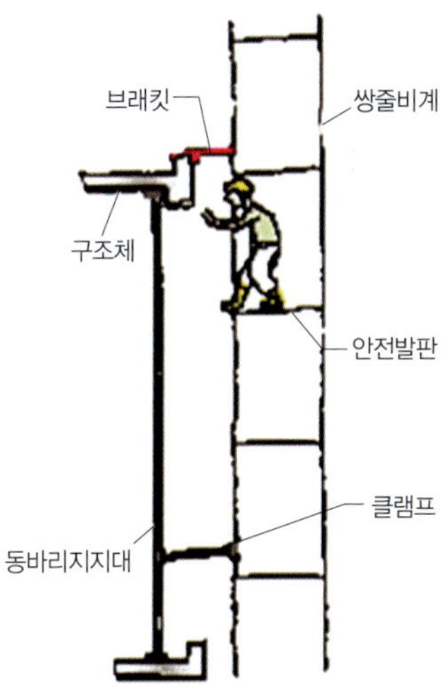

비계 해체

비계가 넘어가지 않도록 건물에 고정을 시킨다. 비계를 해체하며 연결앵커 자리를 보수한다.

17 준 공

준공이란 [공사가 완성되는 것]을 말하며, 관할기관에서 준공검사를 실시한다. 준공승인이 있어야 건축물 대장과 건물등기가 되어 재산권을 행사할 수 있다.

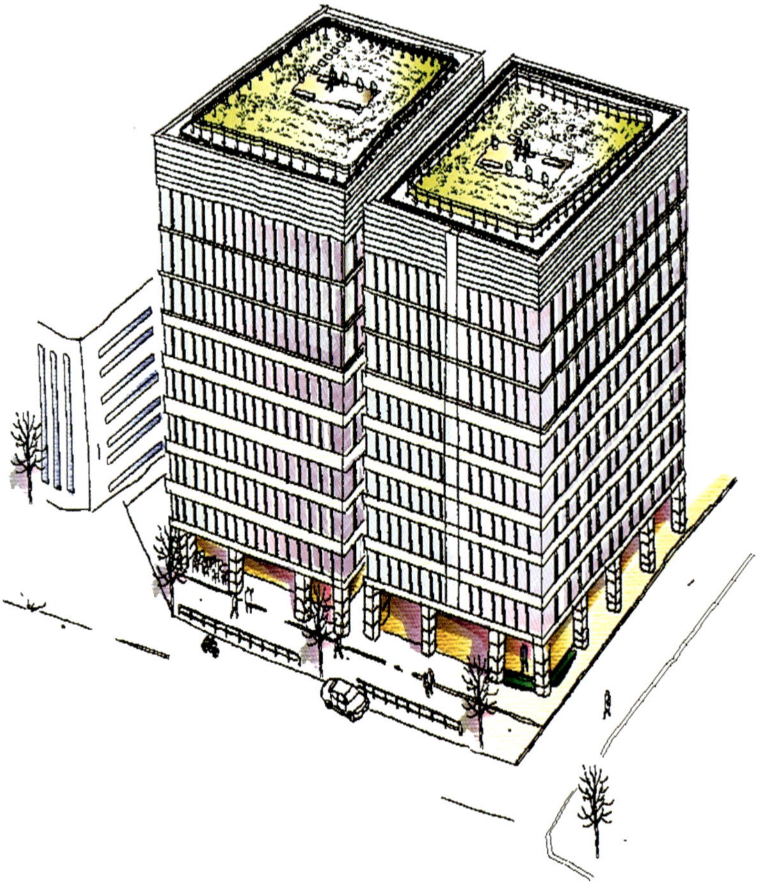

준공검사

건물의 준공전 건물이 올바르게 시공되었는지 여러 곳을 도면에 맞추어 꼼꼼히 체크한다.

인수인계

주거인에게 키를 인계하고 관리인에게 여러 가지 건물관리에 필요한 사항 등을 전달한다.

참고문헌

1) 정상진 외 6인, 건축시공학, 기문당, 2002

2) 정상진 외 7인, (개정)건축시공학, 기문당, 2003

3) 정상진, 알기 쉬운 건축시공 · 재료, 보성각, 1998

4) 정상진 외 10인, 건축시공, 기문당, 2003

5) 정상진 외 공저, 사진으로 보는 시공프로세스(아파트편), 기문당, 2004

6) 정상진 외 공저, 건축시공-마감편-, 기문당, 2008

7) 이원재, 알기쉬운 건축시공, 기문당, 2003

8) 대한건축학회, 건축시공, 기문당, 1997

9) 대한건축학회, 초고층 요소기술, 기문당, 2002

10) 공공건축협회, 알기쉬운 건축공사, 기문당, 2006

11) 이도범, 건축시공입문, 건설도서, 1994

12) 이도범, 건축공사 진행 방법(철근 콘크리트조), 건설도서, 1995

13) 이도범, 건축공사 진행 방법(철골조), 건설도서, 1995

14) 野平 修 外 14人, 現場技術者が教えゐ 「施工」の本〈仕上編〉, 2006. 8

15) 建築施工 實室務硏究會：建築施工實務入門, 滰國杙, 1993

16) 久富佯古沢忠正：図設 建築施工入門 滰國杙, 1993

17) 建築施工 確輔外：施工の本(躯体編) 株式会社 建築技術, 2006

18) 建築施工 研究会：建築施工計劃実践 テキストⅡ, 滰國杙, 2005

19) 建築図解 事典 編輯 委員會：図解事典 建築のしぐ, 滰國杙, 2001

20) 日本建築学会：建築工事標準仕様書, 2002

21) 建築施工研究會：建築施工教科書, 滰國杙, 1991

22) 滰國杙：建築施工図作成の手順と技法, 1998

23) 学芸出杙：初めての建築施工, 2000

24) 滰國杙：建築の技術 施工, 1997. 10

25) (株)建築技術：建築技術, 2002. 7

건축시공_그림으로 보는 착공에서 준공까지

2009년 1월 10일 1판 1쇄 발행
2025년 8월 20일 1판 8쇄 발행

저자 정상진 외
발행처 기문당
주소 서울시 성동구 무학봉28길 4-1
전화 02) 2295-6171~2
팩스 02) 6971-8188
홈페이지 http:// www.kimoondang.com

ISBN 978-89-6225-094-7 93540